高职高专"十三五"规划教材

钛生产及成型工艺

主　编　黄　卉　　宋群玲

副主编　刘振楠　　张淞源

主　审　雷　霆

北　京

冶金工业出版社

2019

内 容 摘 要

本书共分8章,内容包括:钛及钛合金概况,海绵钛生产及钛锭熔炼,钛及钛合金的主要成型工艺,能实现钛材高效利用的近净成型工艺,钛与钛合金构件的焊接方法,钛材的表面处理工艺,检测技术,生产工艺等。

本书可作为高等院校金属材料以及相关专业学生学习辅导书,也可作为高等技术学院金属材料相关专业教材,并可供有关工程技术人员和科研人员参考。

图书在版编目(CIP)数据

钛生产及成型工艺/黄卉,宋群玲主编. —北京:冶金工业出版社,2019.5
高职高专"十三五"规划教材
ISBN 978-7-5024-8037-0

Ⅰ.①钛… Ⅱ.①黄… ②宋… Ⅲ.①钛—轻金属冶金—高等职业教育—教材 ②钛—金属材料—成型—高等职业教育—教材 Ⅳ.①TF823 ②TG146.23

中国版本图书馆 CIP 数据核字(2019)第 022708 号

出 版 人 谭学余
地 址 北京市东城区嵩祝院北巷 39 号 邮编 100009 电话 (010)64027926
网 址 www.cnmip.com.cn 电子信箱 yjcbs@cnmip.com.cn
责任编辑 杨盈园 美术编辑 彭子赫 版式设计 禹 蕊
责任校对 郭惠兰 责任印制 李玉山
ISBN 978-7-5024-8037-0
冶金工业出版社出版发行;各地新华书店经销;三河市双峰印刷装订有限公司印刷
2019 年 5 月第 1 版,2019 年 5 月第 1 次印刷
787mm×1092mm 1/16;10 印张;236 千字;149 页
38.00 元
冶金工业出版社 投稿电话 (010)64027932 投稿信箱 tougao@cnmip.com.cn
冶金工业出版社营销中心 电话 (010)64044283 传真 (010)64027893
冶金工业出版社天猫旗舰店 yjgycbs.tmall.com
(本书如有印装质量问题,本社营销中心负责退换)

前　言

钛及钛合金耐蚀性好，耐热性高，比刚度、比强度高，是航空航天、石油化工、生物医学等领域的重要材料，在尖端科学和高技术方面发挥着重要作用。但是由于我国钛工业发展滞后，与国外发达国家相比，在钛及钛合金材料方面的研究尚有很大差距。

钛由于其性质特殊与其他金属的生产不同，要保证缺陷的控制以利于部件成型及连接，可通过相应的表面处理及检测方法，明晰钛及钛合金的微观组织、显微结构和加工过程中出现的择优取向，为钛及钛合金材料在不同领域的应用提供理论依据。

本书的素材主要来自雷霆教授及团队承担的多项国家及省部级钛方面的重大课题，以及国内外钛及钛合金产品加工的相关资料。本书内容包括钛及钛合金的主要物化性质、力学性能、相变机理（合金的相图）、硬化机理，海绵钛生产及钛锭熔炼，成型工艺，常规连接方法，表面处理及检测技术等。书中附有大量图表，可供读者参考。

本书第1、8章由黄卉、张淞源编写，第2～5章由黄卉、宋群玲编写，第6、7章由宋群玲、刘振楠编写，全书由黄卉进行统稿。

本书在编写过程中参考了大量文献资料，在此对本书引用的所有参考资料的作者表示衷心感谢。

由于时间和资料收集等原因，本书疏漏之处在所难免，诚恳欢迎读者批评指正。

作者

2018 年 11 月

目　录

1 钛及钛合金概况

1.1 钛及钛合金的主要性质

1.1.1 物理化学性质

钛按金属元素计，居地球各种元素的第七位；如按金属结构材料计，钛仅次于铝、铁、镁而居第四位。

钛为银白色金属，为晶相双变体，相变温度为882℃，低于此温度稳定态为α型，密排六方晶系；高于此温度稳定态为β型，体心立方晶系。钛位于元素周期表中第四周期第Ⅳ副族，原子序数22，价电子层结构$4s^2 3d^2$，在化合物中，最高价通常呈+4价，有时也呈+3、+2价等。钛的一些主要物理性质见表1-1。

表1-1 钛的主要物理性质

相对原子质量			47.88
熔点 $t/℃$			1660
密度 $\rho/(g \cdot cm^{-3})$	20℃时（α-Ti）		4.51
	900℃时（β-Ti）		4.32
	1000℃时		4.30
	1660（熔点）时		4.11 ± 0.08
沸点 $t/℃$			3302
熔化热 $Q/kJ \cdot mol^{-1}$			$15.2 \sim 20.6$
固体 β-Ti 蒸气压与温度的计算公式			$\lg P^{\ominus} = 141.8 - 3.23 \times 10^5 T^{-1} - 0.0306T$ 〔1200~2000K〕
熔融钛蒸汽压与温度的计算公式			$\lg P^{\ominus} = 1215 - 2.94 \times 10^5 T^{-1} - 0.0306T$ （熔点~沸点）
汽化热 $Q/kJ \cdot mol^{-1}$			$422.3 \sim 463.5$

钛的化学性质相当活泼，在较高温度下，钛能与很多元素发生反应，各种元素按其与钛发生的不同反应，可分为四类。

第一类：卤素和氧族元素与钛生成共价键与离子键化合物。

钛能与所有卤素元素发生反应，生成卤化钛。

钛与氧的反应取决于钛存在的形态和温度，粉末钛在常温空气中可因静电、火花、摩擦等作用发生剧烈的燃烧或爆炸，但致密钛在常温空气中是很稳定的。

第二类：过渡元素、氢、铍、硼族、碳族和氮族元素与钛生成金属间化合物和有限固溶体。

第三类：锆、铪、钒族、铬族、钪元素与钛生成无限固溶体。

第四类：惰性气体、碱金属、碱土金属、稀土元素（除钪外）、铜、钍等不与钛发生反应或基本上不发生反应。

由于钛的性质特殊，提取过程不能采用常用的冶炼方法生产，因此导致价格昂贵，虽然其具有很高的比强度，但仅在某些特定的应用领域才选择钛。钛及钛合金与铁、镍、铝等金属结构材料的相关性质比较见表 1-2。

表 1-2 钛及钛合金与铁、镍、铝等金属结构材料性质的比较

项　　目	Ti	Fe	Ni	Al
熔点/℃	1660	1538	1455	660
相变温度/℃	$\beta \xrightarrow{882} \alpha$	$\gamma \xrightarrow{912} \alpha$	—	—
晶体结构	体心立方→六方晶系	面心立方→体心立方	面心立方	面心立方
E(室温)/GPa	115	215	200	72
屈服应力水平/MPa	1000	1000	1000	500
密度/g·cm^{-3}	4.5	7.9	8.9	2.7
相对抗蚀性	极高	低	中	高
与氧的相对反应性	极快	低	低	快
相对价格	极高	低	高	中

在轻质结构材料应用方面，铝是钛的主要竞争对象，由于钛的熔点比铝高得多，使得钛在约 150℃的使用温度下比铝具有明显的优势，但是钛极易与氧反应，这限制了钛合金的最高使用温度（约为 600℃）。

1.1.2　晶体结构

在 882℃时，纯钛发生同素异构转变，由较高温度下的体心立方晶体结构（β 相）转变为较低温度下的密排六方晶体结构（α 相）。间隙元素和代位元素对转变温度影响很大，因此，准确的转变温度取决于金属的纯度。α 相的密排六方晶胞如图 1-1 所示，图中同时给出了室温下的晶格常数 a(0.295nm) 和 c(0.468nm)，α 纯钛的 c/a 比是 1.587，小于密排六方晶体结构的理想比例 1.633。图 1-1 还给出 3 个最密集排列的晶面类型：(0002) 面，也称为基面；3 个 {1010} 面之一，也称为棱柱面；6 个 {1011} 面之一，也称为棱锥面。a_1、a_2 和 a_3 三个轴是指数为 〈1120〉 的密排方向。β 相的体心立方晶胞（bcc）如图 1-2 所示，该图也给出了一种 6 个最密集排列 {110} 的晶格面类型，给出了纯 β 钛在 900℃时的晶格常数（a = 0.332nm）。密排的方向是四个 〈111〉 的方向。

1.1.3　弹性特征

α 相的密排晶体结构固有的各向异性特征对钛及钛合金的弹性有重要影响。室温下，纯 α 钛单个晶体的弹性模量 E 随晶胞 c 轴与应力轴之间的偏角 γ 变化的关系如图 1-3 所示，从图中可以看出，弹性模量 E 在 145GPa（应力轴与 c 轴平行）和 100GPa（应力轴与 c 轴垂直）之间变化。类似地，当在 〈1120〉 方向的 (0002) 或 (1010) 面施加剪切应力时，单个晶体的剪切模量 G 发生强烈变化，数值在 34GPa 至 46GPa 之间，而具有结晶

组织的多晶 α 钛，其弹性特征的变化则没有那么明显。弹性模量的实际变化取决于组织的性质和强度。

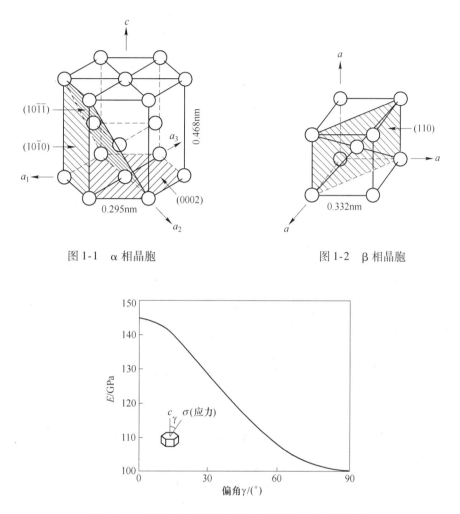

图 1-1 α 相晶胞   图 1-2 β 相晶胞

图 1-3 α 钛单晶体的弹性模量 E 随偏角 γ 的变化关系

对于多晶 α 钛而言，随着温度的升高，其弹性模量 E 和剪切模量 G 几乎呈直线下降，如图 1-4 所示。从图中也可看出，其弹性模量 E 由室温时的约 115GPa 下降到 β 转变温度时的约 85GPa，而剪切模量 G 在同一温度范围内由约 42GPa 下降到 20GPa。

由于 β 相不稳定，故在室温下，无法测定纯钛 β 相的弹性模量。对于含充裕 β 相稳定元素的二元钛合金，如含钒 20% 的 Ti-V 合金，通过急冷方式可以使亚稳态的 β 相在室温下存在。在水淬条件下，Ti-V 合金弹性模量 E 的数据如图 1-5 所示。弹性模量与成分的关系可以在含钒 0 ~ 10%，10% ~ 20% 和 20% ~ 50% 三种不同情况下进行讨论。

从图 1-5 中可以看出，当含钒量在 20% ~ 50% 之间时，β 相的弹性模量 E 值随含钒量的增加而升高，在含钒 20% 时的值最小，为 85GPa。从图 1-5 中还可看出，β 相的弹性模量通常比 α 相低。例外的是，当含 15% 的钒时，弹性模量 E 最大，这与被称为非热 ω 相的形成有关。对于含有 β 相稳定元素的钛马氏体，当含钒量从零增至 10% 时，

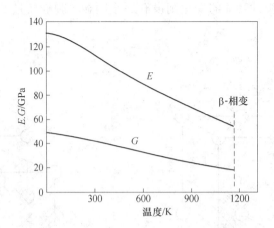

图 1-4   α 钛多晶体的弹性模量 E 和剪切模量 G 随温度的变化关系

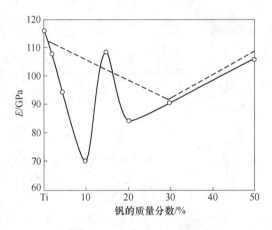

图 1-5   Ti-V 合金的弹性模量

（实线：24 小时，900℃；虚线：600℃，退火）

弹性模量 E 急剧降低。含量的最大与最小值都跟（α+β）相退火导致的弹性模量 E 消失有关（见图 1-5 的虚线），弹性模量 E 沿着（α+β）边界区域间的连线移动，其走向可根据混合原理推测。同样地，对于 Ti-Mo、Ti-Nb 和其他含有 β 相稳定元素的二元合金，其含量与弹性模量 E 也有相类似的关系。对于含有 β 相稳定元素（见图 1-5 中含量范围 0~10%）的马氏体，其模量值急剧下降的常规解释是：在载荷应力诱变马氏体过程中，因残留亚稳态 β 相的改变，导致低弹性模量物质的出现，但研究表明，Ti-7Mo 在弹性模量 E 只有 72GPa 时，其组织为 100% 马氏体，并不含任何的残留亚稳态 β 相，因此，弹性模量的急剧下降似乎是直接受 β 稳定元素的严重影响，并降低了晶格间的结合力。值得注意的是，一些该类合金的马氏体还显示出螺旋分解趋势，相反地，最常见的 α 稳定元素（铝）可增加 α 相的弹性模量。对固溶体而言，其含量与弹性模量 E 的关系无规律性。如在 Ti-Al 系中，它表现出规则排列的趋势，同时共价键在增加。

　　一般情况下，商用 β 钛合金的弹性模量 E 值比 α 钛合金和 α+β 钛合金的低，在淬火条件下，标准值为 70 ~ 90GPa。退火条件下，商用 β 钛合金的弹性模量 E 值为 100 ~ 105GPa；纯钛为 105GPa；商用 α + β 钛合金大约为 115GPa。

1.1.4 形变模式

密排六方 α 钛合金的延展性，尤其在低温下，除受常规的位错滑移影响外，还受孪晶畸变活化的影响。这些孪晶模式对于纯钛和一些 α 钛合金的畸变很重要。尽管在两相 α + β 合金中，由于微晶、高掺杂物和析出 Ti₃Al，孪晶几乎被抑制，但在低温下，因微晶的存在，这些合金具有很好的延展性。

体心立方的 β 钛及合金除受位错滑移影响外，还受孪晶的影响，但在 β 合金中，孪晶只发生在单一相中，并且随掺杂物的增加而减少。将 β 钛合金热处理后，β 钛合金会因 α 粒子的析出而硬化，同时孪晶被完全抑制。这些合金在成型加工过程中，可能会出现孪晶。一些商用 β 钛合金也可形成畸形诱变马氏体，它可强化 β 钛合金的成型性。畸形诱变马氏体的形成对合金成分非常敏感。

1.1.4.1 滑移模式

图 1-6 所示为密排六方晶包 α 钛的不同滑移面和滑移方向。主要滑移方向是沿 〈1120〉 的三个密排方向。含伯格斯（Burgers）矢量型的滑移面为（0002）晶面，三个 {1010} 晶面和六个 {1011} 晶面。这三种不同的滑移面和可能的滑移方向能组成 12 个滑移系（表 1-3），实际上，它们可简化为 8 个独立的滑移系，并且还可减少到仅为 4 个独立的滑移系，因为由滑移系 1 和 2（表 1-3）相互作用产生的形变，实际上与滑移系 3 是完全一致的，因此，如果 Von Mises 准则正确，那么一个多晶体的纯塑性形变至少需要 5 个独立的滑移系，一个具有所谓非伯格斯（Burgers）矢量滑移系的激活，或者是 [0001] 滑移方向的 c 型或是 〈1123〉 滑移方向的 c + a 型（图 1-6 和表 1-3）。c + a 型位错的存在已通过 TEM 在许多钛合金中检测到。如果只是判断这种 c + a 型位错的存在，那么 Von Mises 准则是否正确不太重要，但是如果对多晶物质中的微粒施加与 c 轴同方向的应力，那么，要确定是哪一个滑移系被激活，这就需要借助 Von Mises 准则了。在此情况下，ā 型伯格斯（Burgers）矢量滑移系和 c 型伯格斯（Burgers）矢量位错都不被激活，因为二者的 Schmidt 因子都为零。从具有 c + a 伯格斯（Burgers）矢量位错可能的滑移面看，{1010} 滑移面是不能被激活的，因为它平行于应力轴，对于其他可能的滑移面（图 1-6），{1122} 面比 {1011} 面更接近 45°（具有更高的 Schmidt 因子）方向，假定两类滑移面的临界分切应力（CRSS）都相同，那么对于 α 钛，具有非伯格斯矢量滑移系中最可能被激活的是 〈1123〉 方向的 {1122} 滑移面。见表 1-3 中的第 4 类滑移系。

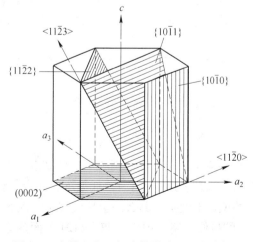

图 1-6 密排六方 α 相中的滑移面和滑移方向

表 1-3　密排六方 α 相中的滑移系

滑移系类型	伯格斯（Burgers）矢量类型	滑移方向	滑移面	滑移系数量	
				总数	独立系数量
1	a	⟨1120⟩	(0002)	3	2
2	a	⟨1120⟩	{1010}	3	2
3	a	⟨1120⟩	{1011}	6	4
4	c+a	⟨1123⟩	{1122}	6	5

实际上，在 c+a 滑移系和 a 滑移系中，临界分切应力（CRSS）的差别较大，这已在 Ti-6.6Al 单晶中测出（图 1-7），在多晶 α 钛中，沿 c+a 滑移方向形成的微粒百分数是相当低的，因为即便在应力轴与 c 轴偏离大约 10° 的范围内，沿 a 滑移方向的激活也很容易。

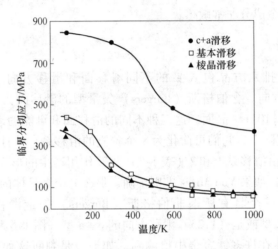

图 1-7　Ti-6.6Al 单晶中，具有 a 和 c+a 伯格斯（Burgers）
矢量滑移下的温度和临界分切应力（CRSS）的关系

临界分切应力（CRSS）绝对值的大小基本上取决于合金的组成和测试温度（图 1-7）。室温下，具有基本（ā 型）伯格斯（Burgers）矢量的三种滑移系的临界分切应力（CRSS）差别很小，即 {1010} < {1011} < {0002}，如温度升高，则这种差异更小（图 1-7）。

正如二元 Ti-V 合金所表示出的，体心立方（bcc）β 钛合金的滑移系是 {110}，{112} 和 {123}，它们都具有 ⟨111⟩ 型的伯格斯（Burgers）矢量，这与通常观测到的体心立方（bcc）金属的滑移模式一致。

1.1.4.2　孪晶形变

在纯 α 钛中，观察到的主要孪晶模式为 {1012}、{1121} 和 {1122}。α 钛三种孪晶系的晶体要素列于表 1-4。低温下，如应力轴平行于 c 轴，并且基于伯格斯（Burgers）矢量的位错不发生，那么，孪晶模式对塑性变形和延长性极为重要，此时，形变拉力导致沿 c 轴的拉伸，使 {1012} 和 {1121} 面的孪晶被激活。最常见的孪晶为 {1012} 型，但它们具有最小的孪晶切应力（表 1-4）。图 1-8 所示为具有更大孪晶切应力的 {1121} 型孪晶的形变。施加平行于 c 轴的压力载荷时，沿着 c 轴方向，受压的 {1122} 孪晶被激活（图 1-9）。施加压力载荷后，在相对高的形变温度，即 400℃ 以上，也能观测到 {1011} 孪晶的形变。

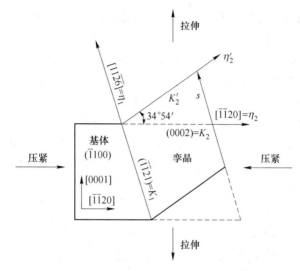

图 1-8 孪晶沿 {1121} 的形变

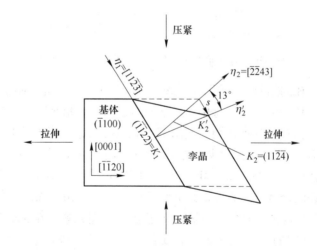

图 1-9 孪晶沿 {1122} 的形变

表 1-4 α 钛的孪晶形变要素

孪晶面（第一次未成型面）(K_1）	孪晶切应力方向（η_1）	第二次未成型面（K_2）	$K_2(\eta_1)$ 下的切应力截面方向	垂直于 K_1 和 K_2 的切应力面	孪晶的切应力等级
{1012}	⟨1011⟩	{1012}	⟨1011⟩	{1210}	0.167
{1121}	⟨1126⟩	(0002)	⟨1120⟩	{1100}	0.638
{1122}	⟨1123⟩	{1124}	⟨2243⟩	{1100}	0.225

α 钛中，掺杂原子浓度的增加，例如氧、铝的增加，可抑制孪晶的生成，因此，在纯钛或在低氧浓度的纯钛（CP 钛）中，孪晶的形变仅在平行于 c 轴的方向发生。

1.2　钛合金相图

钛的合金元素通常可分为 α 稳定元素或 β 稳定元素，这取决于它们是增加或降低钛的 α/β 转变温度，纯钛的 α/β 转变温度为 882.0℃。

代位元素 Al 和间隙元素 O、N 和 C 都是很强的 α 稳定元素，随其含量的增加，其转变温度升高，这可从图 1-10 中看出。铝是钛合金中应用最广泛的合金元素，因为它是唯一能提高转变温度的普通金属，并且在 α 和 β 相中都能大量溶解。在间隙元素中，氧之所以被看作是钛的合金元素，是氧的含量通常能决定所希望的强度等级，这在不同等级的纯钛（CP 钛）中尤为明显。其他的 α 稳定元素还包括 B、Ga、Ge 和一些稀有元素，但与铝和氧相比较，它们的固溶度都很低，通常不作为钛的合金元素使用。

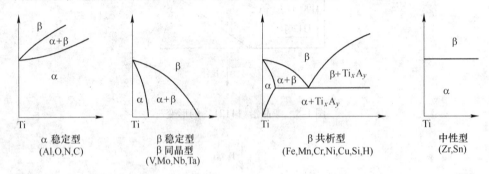

图 1-10　合金元素在钛合金相图中的作用（简图）

β 稳定元素分为 β 同晶型元素和 β 共析型元素，这取决于二元相图中的具体情况，这两种类型的相图如图 1-10 所示。钛合金中，最常用的 β 同晶型元素是 V、Mo 和 Nb，如果这些元素的含量足够高，就有可能使 β 相在室温下也能维持稳定。其他属于此类的元素还有 Ta 和 Re 等，考虑到密度因素，它们很少被使用或根本不用。从 β 共析型元素看，Cr、Fe 和 Si 已在很多钛合金中使用，而 Ni、Cu、Mn、W、Pd 和 Bi 的使用却非常有限，它们仅被用于一种或两种特殊用途的合金。其他的 β 共析型元素，如 Co、Ag、Au、Pt、Be、Pb 和 U，在钛合金中根本不使用。应该提到的是，氢也属于 β 共析型元素，在 300℃ 的低共析温度时，利用与高扩散性氢反应的原理发明了一种微结构提纯的特殊工艺，即所谓的加氢/脱氢（HDH）工艺。HDH 工艺将氢作为一种临时的合金元素。通常情况下，在商业纯钛（CP 钛）和钛合金中，因为存在氢脆的问题，故其含量被严格限制在 $(125 \sim 150) \times 10^{-6}$ 之间。

另外还有一些元素，如 Zr、Hf 和 Sn，它们的行为基本上属中性型（图 1-10），因为它们降低 α/β 转变温度的程度非常小；而当其含量增加时，转变温度会再次升高。Zr 和 Hf 属同晶型元素，因此，二者都存在由 β 向 α 同素异构相的转变，它们能完全溶于 α 相和 β 相的钛中；相反，Sn 属于 β 共析型元素，但基本上对 α/β 相的转变温度没有影响。许多商用多元合金中都含有 Zr 和 Sn，但在这些合金中，两种元素都被认为是 α 稳定元素，这是因为 Zr 和 Ti 的化学性质相似，而 Sn 可替代六方排列的 Ti_3Al 相（α_2）中的 Al。当 Sn 替代 Al 时，其作用可看作 α 稳定型。该例表明，基于 Ti-X 二元系，由于合金元素的相互作用，要完全弄明白钛合金的行为是很困难的。

1.2.1　Ti-Al 相图

铝是最重要的 α 稳定元素，在很多钛合金中获得了应用。从图 1-11 所示的二元 Ti-Al 合金相图可以看出，随着铝含量的增加，将生成 Ti_3Al（α_2）相，$\alpha + Ti_3Al$ 两相大约在含铝5%、温度为500℃时形成。为了避免在 α 相中局部出现 Ti_3Al 的聚集，在大部分钛合金中，铝含量被限制在6%。从图 1-11 中还可看出，当铝含量为6%时，其转变温度已从纯钛的882℃升高到大约1000℃，进入 α + β 二相区。除常规的钛合金，Ti-Al 相图还是研究钛－铝金属间化合物的基础，目前，基于两种金属间化合物 Ti_3Al（α_2 合金与斜方变异晶，Ti_2AlNb 合金）和 TiAl（γ 合金）的新合金正在研发中。

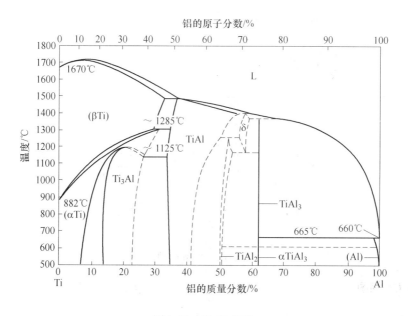

图 1-11　Ti-Al 相图

罗森伯格（Rosenberg）曾试图表述 α 稳定元素在多成分钛合金中的作用，建立了等效铝含量的计算公式：$[Al]_{eq.} = [Al] + 0.17[Zr] + 0.33[Sn] + 10[O]$。

1.2.2　Ti-Mo 相图

在三种最重要的 β 同晶型元素（V、Mo 和 Nb）中，选择 Ti-Mo 二元相图进行讨论，是因为在多元钛合金的所有 β 相稳定元素中，以钼的等效含量最容易计算。图 1-12 所示为一张老版本的相图，摘自汉森（Hansen）1958 年出版的《二元合金结构》一书（第二版），新版相图显示，在 Mo 含量超过20%时，存在一个混溶区，在 α + β 相区以外的混溶区内，β 相分成了 β' + β 两个体心立方（bcc）相。常规钛合金中，钼的最大含量约为15%，因此，该混溶区的存在，只是增加了讨论的复杂性，无助于了解合金元素含量对合金性能的影响。另外，从图 1-12 中可以看出，含 Mo15% 时，能够使 β→α + β 的转变温度从纯钛的882℃降低到大约750℃。从图 1-12 中还可看出，Mo 在 α 相中的固溶度很低（小于1%）。Ti-V 和 Ti-Nb 的相图与图 1-12 很相似，15% 的 V 含量，也是常规钛合金中钒的最大含量，此时，β→α+β 的转变温度降低到大约700℃。680℃时，V 在 α 相中的最大固溶度约为3%，这已比钼的固溶度高多了。常规钛合金中，Nb 的含量保持在1%～3%之间，比 Mo 和 V 的最大量低得多。Nb 对 β→α+β 转变温度的影响跟 Mo 相似，含Nb15%时，转变温度可降至大约750℃。

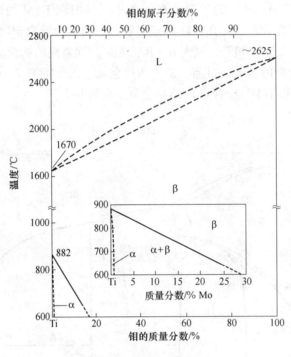

图 1-12　Ti-Mo 相图

1.2.3　Ti-Cr 相图

在 β 共析型元素中，本书选择 Ti-Cr 二元相图（图 1-13）进行讨论。从图中可以看出，Cr 是一种有效的 β 稳定元素，在含 Cr 大约15%的共析点，共析温度为667℃。应注意，Cr 的共析溶解非常缓慢，所以在常规钛合金中，Cr 的含量都低于5%，以避免金属间化合物 $TiCr_2$ 的生成，唯一的例外是在 SR-71 飞机中，使用的老牌号 B120VCA 合金中含有11%的 Cr，这种合金不稳定，因为长时间在高温下会析出 $TiCr_2$，致使其延展性降低，因此，希望避免在此类合金中形成共析化合物。所有 β 共析型元素的特征就是在 α 相中的固溶度低，如在 Ti-Cr 系（图 1-13）中，Cr 的最大固溶度只有约0.5%，因此，几乎所有的 β 共析型元素都进入到 β 相。第二种常使用的 β 共析型元素是 Fe，它甚至是比 Cr 更强的 β 稳定元素，Ti-Fe 系中的共析温度大约是600℃。研发的 TIMET 合金"低成本 β"（LCB）（即 Ti-1.5Al-5.5Fe-6.8Mo）已证实，在商业钛合金中，当 Fe 含量增加到最大值5.5%时，可以避免金属间化合物的生成。例外的是，作为 β 共析型元素 Si，却希望它形成化合物，主要应用在高温钛合金中，此时形成的金属间化合物 Ti_5Si_3 能改善合金的蠕变性能。

需要强调的是，大部分的商用钛合金都是多元合金，如前所述的二元相图仅能作定性指导，原则上应使用三元或四元相图。图 1-14 所示为 Ti-Al-V 系在高含钛区域1000℃、900℃和800℃的简略等温截面图。

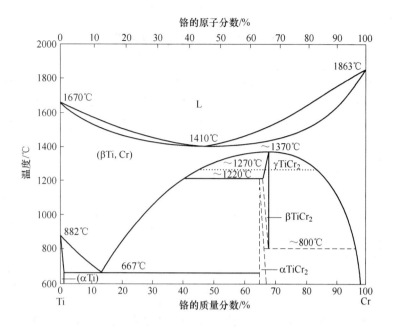

图 1-13 Ti-Cr 相图

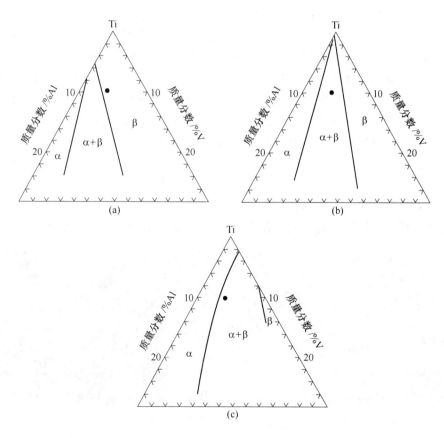

图 1-14 Ti-Al-V 三元相图在 1000℃、900℃ 和 800℃ 的等温截面图

(a) 1000℃；(b) 900℃；(c) 800℃

1.3　钛及钛合金的相变

在纯钛（CP 钛）和钛合金中，体心立方（bcc）β 相向密排六方 α 相的转变，可发生在马氏体中，或通过控制晶核扩散和生长工艺来实现，但这取决于冷却速度和合金的组成。在 α 和 β 相之间，伯格斯（Burgers）首先研究了锆的晶体取向关系，因此以其名字命名为伯格斯关系：

$$(110)_\beta // (0002)_\alpha$$

$$[111]_\beta // [1120]_\alpha$$

这个关系在钛的研究中得到了证实。根据此关系，对于原 β 相晶体，由于有不用的取向，故一种体心立方（bcc）晶体可以转变为 12 种六方变型晶体。伯格斯关系严格遵循马氏体转变和常规的形核和生长规律。

1.3.1　马氏体相变

马氏体相变是因剪切应力使原子发生共同移动而引起的，其结果是在给定的体积内使体心立方晶格（bcc）微观均质转变为六方晶体。体积转变通常为平面移动，对大部分钛合金而言，或从几何角度更好地描述成盘状移动。整个切变过程可简化为如下切变系的激活：$[111]_\beta(112)_\beta$ 和 $[111]_\beta(101)_\beta$ 或在六方晶中标记为 $[2113]_\alpha(2112)_\alpha$ 和 $[2113]_\alpha$。六方晶马氏体标记为 α′，存在两种形态：板状马氏体（又称为条状或块状马氏体）和针状马氏体。板状马氏体只能出现在纯钛和低元素含量的合金中，并且在合金中的马氏体转变温度很高。针状马氏体出现在高固溶度的合金中（有较低的马氏体转变温度）。板状马氏体由大量的不规则区域组成（尺寸在 50～100μm），用光学显微镜观察时看不到任何清楚的内部特征，但在这些区域里，包含大量几乎平行于 α 板状的块状或条状（厚度在 0.5～1μm）微粒，它们属于相同的伯格斯关系变形体。针状马氏体由单个 α 板状的致密混合体组成，每个致密混合体有不同的伯格斯关系变形体（图 1-15）。通常，这些板状马氏体有很高的位错密度，有时还有孪晶。六方 α′ 马氏体在 β 稳定剂中是过饱和的，在 α + β 相区域以上退火时，位错析出的无规则 β 粒子进入 α + β 相或板状边界的 β 相。

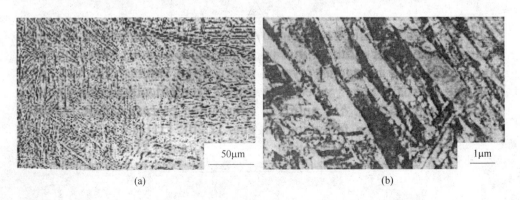

（a）　　　　　　　　　　　　　　　　　（b）

图 1-15　Ti-6Al-4Vβ 相区域淬火后的针状马氏体

（a）LM；（b）TEM

随固溶度的增加，马氏体的六方结构会变形，从晶体学观点看，晶体结构失去了它的六方对称性，可称为斜方晶系。这种斜方晶马氏体标记为 α″。根据固溶度的大小，一些含转变元素的二元钛系（表1-5）的 α′/α″ 边界是呈平面形的。而对于斜方晶马氏体，在（α+β）相区域以上退火时，初始分解阶段，在固溶度低的 α″ 和固溶度高的 α′ 区域，似乎呈曲线形分解，形成一个有特点的可调节微结构。最后，析出 β 相（α″贫 + α″富→α + β）。纯钛的马氏体初始温度（M_s）取决于氧、铁等杂质的含量，但大约在850℃左右，它随着 α 稳定型元素，如铝、氧含量的增加而升高；随 β 稳定型元素含量的增加而降低。一些转变元素的溶解量可使马氏体初始温度（M_s）低至室温以下。采用二元系的这些数值，对多元合金，可以依据 Mo 等效含量建立一个描述 β 相稳定元素单独作用的定量原则，即 [Mo]当量 = [Mo] + 0.2[Ta] + 0.28[Nb] + 0.4[W] + 0.67[V] + 1.25[Cr] + 1.25[Ni] + 1.7[Mn] + 1.7[Co] + 2.5[Fe]。值得注意的是，要想量化使用此方程，则需谨慎行事。尽管如此，它仍然是一个有用的定性评价工具，与罗森伯格（Rosenberg）导出的铝等效含量一样，人们可以对既定化学组成的某种合金的期待组元做出估算。二元钛合金中室温下保留 β 相时的一些转变元素的含量见表1-6。

表1-5 一些含转变元素的二元钛系 α′/α″（六方晶/斜方晶）马氏体边界的组成

α′/α″边界	V	Nb	Ta	Mo	W
质量分数/%	9.4	10.5	26.5	4	8
A/%	8.9	5.7	8.7	2.0	2.2

表1-6 二元钛合金中室温下保留 β 相时的一些转变元素的含量

元素	V	Nb	Ta	Cr	Mo	W	Mn	Fe	Co	Ni
质量分数/%	15	36	50	8	10	25	6	4	6	8
A/%	14.2	22.5	20.9	7.4	5.2	8	5.3	3.4	4.9	6.6

尽管不涉及钛合金的任何实际应用，但应该提及的是，在许多钛合金中，都有马氏体转变受到抑制的问题，β 相淬火后，析出一种所谓的非热相——ω 相，ω 相以极细颗粒（尺寸在 2~4nm）均匀分布。普遍认为，在发生马氏体转变前存在一个前驱体，因为此非热转变在体心立方（bcc）晶格的〈111〉方向存在一个切变位移，见图1-16 中的体心立方（bcc）晶格（222）晶面。从晶体学的观点看，非热 ω 相在富 β 稳定型合金中呈三角对称，而在斜方晶合金中则呈六方对称（非六方密堆结构）。从六方对称向三角对称的转变是随合金元素含量连续变化的。按体心立方（bcc）β 结构位错移动的观点，ω 微粒是一种具有可扩散性的共格晶面，其结构是一种可发生弹性变形的体心立方（bcc）晶格，也就是说，β 相内的位错移动可以阻断 ω 粒子的4种形变。在亚稳态（ω+β）相区域以上退火时，非热 ω 相长大，形成所谓的等温 ω 相，它与非热 ω 相具有相同的晶体对称性，但相对于 β 相，其固溶度更小。

1.3.2 形核与扩散生长

当钛合金以极小的冷却速度从 β 相进入（α+β）相区域时，相对于 β 相而言，不连续的 α 相首先在 β 相晶界上成核，然后沿着 β 相晶界形成连续的 α 相层。在连续的冷却

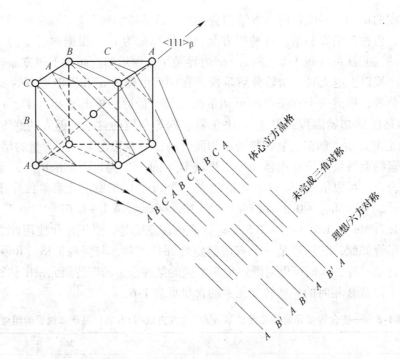

图 1-16　体心立方晶格（222）面发生 β→ω 转变的示意图

过程中，片状 α 相或是在连续的 α 相层形核，或在 β 相自身晶界上形核，并生长到 β 相晶粒内部而形成平行的片状 α 相，它们属于伯格斯关系的相同变体（又称为 α 晶团），它们不断地在 β 相晶粒内部生长，直到与在 β 相晶粒的其他晶界区域上形核并符合另一伯格斯关系变体的其他 α 晶团相遇，这一过程通常被称作交错形核和生长。个别的 α 相片状体会在 α 晶团内部被残留的 β 相基体分离开，这种残留的 β 相基体通常被错误地称为 β 相片状体。α 和 β 相片状体也经常被称作 α 和 β 相层状体，所形成的微结构称为层状微结构。作为一个例子，如图 1-17 所示，针对 Ti-6Al-4V 合金，这些微结构可以从 β 相区域通过慢冷获得。通过此类慢冷获得的材料中，α 晶团的尺寸可以大到 β 晶粒尺寸的一半。

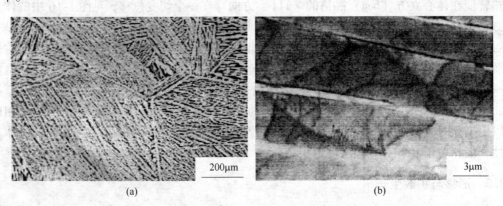

图 1-17　Ti-6Al-4V 合金从 β 相区域慢冷时得到的层状 α + β 微结构

（a）LM；（b）TEM

在一个晶团中，α和β片状体之间的晶体学关系如图1-18所示。从图1-18中可以看出，$(110)_\beta /\!/ (0002)_\alpha$ 和 $[111]_\beta /\!/ [11\bar{2}0]_\alpha$ 严格遵循伯格斯关系，α相片状体的平面平行于α相的（$1\bar{1}00$）平面和β相的（112）平面。需要再次指出的是，这些平面几乎是等轴成型（环状成型），其直径通常被称为α片状体长度。

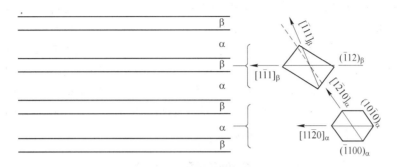

图1-18　在α晶团中α和β片状体之间的晶体学关系简图

随着冷却速度的加快，α晶团的尺寸以及单个α片状体的厚度都随之变小。在β晶界形核的晶团，无法填满整个晶粒内部，晶团也开始在其他晶团界面形核。为使总的弹性应力最小，新的α相片状体是以"点"接触的方式在已存的片状α相表面成核并在与其几乎垂直的方向上生长。这种在晶团中少量的α相片状体的选择形核和生长机理，形成了一种较独特的微结构，称为"网篮"状结构或韦德曼士塔滕（Widmanstätten）结构。在确定的冷却速度下，这种"网篮"状结构经常可在含较高β相稳定元素，特别是含较低扩散能力元素的合金中观察到。需要指出的是，在从β相区域开始连续的冷却过程中，非连续的α相片状体不能通过β基相均质形核。

1.4　钛及钛合金的硬化机理

金属材料的4种不同硬化机理（固溶体硬化、高位错密度硬化、边界硬化和沉积硬化）中，固溶体硬化和沉积硬化适用于所有商用钛合金。边界硬化在α+β合金从β相区域快速冷却过程中起重要作用，它能减小α晶团尺寸而变成几个α相片状体或者引起马氏体相变。在这两种情况下，高位错密度也有助于硬化。需要指出的是，钛中的马氏体比铁－碳合金中的马氏体软，这是因为间隙氧原子只能引起钛马氏体中的密排六方晶格发生很小的弹性形变，这与碳和氮能引起黑色金属马氏体中的体心立方晶格发生剧烈的四方晶格畸变形成了鲜明的对比。

1.4.1　α相硬化

间隙氧原子可使α相明显硬化，这可从含氧量在0.18%～0.40%间的1～4级商业纯钛（CP钛）屈服应力值的比较中得到最好的说明。随着氧含量的增加，应力值从170MPa（1级）增加到480MPa（4级）。商业钛合金根据钛合金的类型，含氧量在0.08%～0.20%之间变化。α相的置换固溶硬化主要是由相对于钛具有更大的原子尺寸且在α相中具有较大固溶度的铝、锡和锆等元素引起的。

α 相的沉积硬化是由于 Ti_3Al 共格离子的析出而发生的，此时合金中大约含 5% 以上的铝，参见图 1-11 的 Ti-Al 相图。Ti_3Al 和 α_2 粒子以密排六方结构排列，晶体学上称为 DO_{19} 结构。由于它们的结构一致，它们会因位错移动而发生剪切，结果导致了平面滑移和相对于边界的大量位错积聚。随着尺寸的增加，这些 α_2 粒子变成了椭圆形状，长轴平行于密排六方晶格的 c 轴，由于氧和锡元素的存在，它们更稳定，这些元素可以使（α + α_2）相在更高的温度下存在，此时，锡替代了 Al，而氧仍为间隙氧原子。

在 α + β 两相区域以上对 α + β 合金进行退火后，重要的合金元素发生分化，α 相中富集了 α 稳定元素（Al、O、Sn）。共格的 α_2 粒子在 α 相中经时效析出，占据大量体积，例如，时效温度为 500℃（Ti-6Al-4V，IMI 550）、550℃（IMI 685）、595℃（Ti-6242）或 700℃（IMI 834）时。从图 1-19 IMI 834 合金的暗场透射电子显微镜照片中可以看到均质高密度的 α_2 粒子在 α 相中的分布情况。

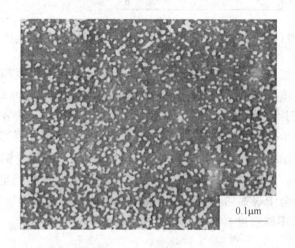

图 1-19　α_2 粒子在 IMI 834 合金中的暗场透射电子显微镜照片
（700℃时效24h）

在纯 α 钛中，随着含氧量的增加，发现其微结构从波纹状滑移变化到平面滑移，同时伴随着共格 α_2 粒子的析出。检测表明，氧原子对均质性无影响，但趋向于在短排列方向形成区域，同时也证明，氧和铝原子协同推动了平面滑移。

应该提及的是，对于商用钛合金而言，尽管时效调节微结构的作用有限，但它会使斜方 α″马氏体呈螺旋式分离，从而导致屈服应力急剧增加。这种形变结构可以看作一系列非常小的密集沉淀，在此状况下进行时效处理，由于其尺寸和不匹配位错增加，无序而溶质富集区对位错移动的阻碍变得更强。由于存在大量的形变微结构区域，宏观上，材料表现得很脆，究其原因，是在滑移带中形变区域被破坏，微结构发生强烈扭曲，导致最大的 α″马氏体片状体中的第一滑移带也发生强烈扭曲，引起片状体边界的形核破坏。断口机理是微孔的聚合与长大，而不是分离。

1.4.2　β 相硬化

传统意义上分析 β 相的固溶硬化是很困难的，因为亚稳态的 β 合金在快冷过程中，亚稳态的前驱体 ω 和 β′不能有效地从溶质中析出，并且，在完全时效后的微结构中，由

于 α 相从溶质中有效析出，很难说清楚强化机理，此时，伴随着 α 相的析出，β 相固溶硬化的重要性要看合金元素的分配。在二元合金中，评价 β 相稳定元素 Mo、V、Nb、Cr 和 Fe 固溶硬化作用的一种方式就是检测晶格常数与溶质中错位晶格常数曲线的倾斜度，这些数据可在泊松（Pearson）手册中找到。从这些数据可以看出，倾斜度最大的是 Ti-Fe，接下来为 Cr 和 V，Nb 和 Mo 对晶格常数的影响较小。

β 相的沉淀硬化对增加商业 β 钛合金的屈服应力是最有效的。从图 1-20 所示的简易相图中可以明显地看出，β 钛合金中有两个亚稳态相——ω 和 β′。在这两种情况下，混溶区都分为两个体心立方相，即 β贫 和 β富，其主要的区别在于相对基体的体心立方晶格（β富）在同质无序沉淀中被扭曲的体心立方晶格的数量（β贫）。在高稳定元素含量合金中，被扭曲的体心立方晶格的数量值很小，亚稳态粒子被称为 β′，它为体心立方晶体结构；在低稳定元素含量合金中，沉淀过程中被扭曲的体心立方晶格的数量值更高，亚稳态粒子被称为等温 ω，从结晶学观点看，为密排六方晶格结构。

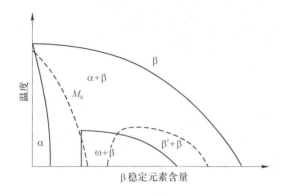

图 1-20 β 同晶型相图（简图）中的亚稳态（ω+β）和（β′+β）相区域

等温 ω 粒子呈椭圆形还是立方形，取决于沉淀/基体错位。低位错时，ω 粒子呈椭圆形，且长轴平行于 4 个 ⟨111⟩ 体心立方晶格的一个方向。作为一个实例，如图 1-21 所示，它是 Ti-16Mo 合金在 450℃下时效处理 48h 后得到的暗场透射电子显微镜照片，从照

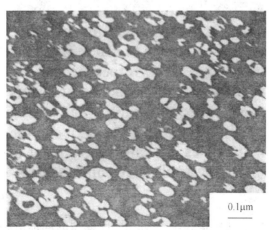

图 1-21 椭圆形 ω 析出的暗场显微镜照片

（Ti-16Mo 450℃，时效 48h，TEM）

片中可以看出 4 种不同椭圆形 ω 粒子中一种的分布情况。较高位错时，ω 粒子呈表面平滑的立方形，且平行于体心立方晶格的 {100} 面方向，实例如图 1-22 所示，它是 Ti-8Fe 合金在 400℃下时效处理 4h 后得到的暗场透射电子显微镜照片。

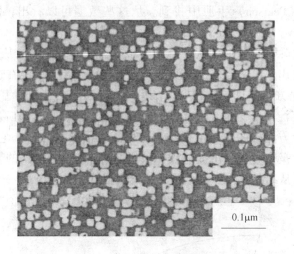

图 1-22　立方形 ω 析出的暗场显微镜照片
(Ti-8Fe 400℃，时效 4h，TEM)

β′的析出形态是变化的，它从在 Ti-Nb 和 Ti-V-Zr 合金中的球形或立方形转变为在 Ti-Cr 合金中的片状形，同样地，这取决于位错和共格扭曲的数量。作为一个实例，如图 1-23 所示，它是 Ti-15Zr-20V 合金在 450℃下时效处理 48h 后溶质中贫 β′析出的透射电子照片。

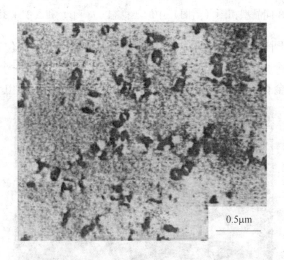

图 1-23　在 Ti-15Zr-20V 中的共格 β 粒子
(450℃，时效 6h，TEM)

ω 和 β′两相是共格的，受位错移动剪切，形成强烈的局部滑移带，致使早期的形核破裂并降低延展性，因此，在商用 β 钛合金中，通常应避免形成这些微结构，为此，在稍高的温度下对商用 β 钛合金进行时效处理，以便在较合理的时效时间内，利用 ω 或 β′

作为前驱体和形核体来析出非共格的稳定 α 相粒子。有时，需要采用一步时效处理。借助这些前驱体，有可能获得均匀分布的同质细晶粒 α 片晶，作为一个实例，如图 1-24 所示，它是 Ti-15.6Mo-6.6Al 在 350℃，时效时间长达 100h 的初期 α 形核的透射电子显微镜照片。在商用 β 钛合金中，根据 α 片晶的分布和尺寸，法国的 CEZUS 开发出 β-CEZ 合金，在 580℃时，推荐的实效处理时间是 8h，其透射电子显微照片如图 1-25 所示。这些 α 片晶也遵循伯格斯关系，片晶的平滑表面平行于 β 基体 {112} 面。从前述和图 1-25 中可以看出，从统计学角度看，并非所有 12 个可能的变量都能形核，因此，为了使所有的弹性应力最小，实际上，在 β 晶粒中只有两到三个接近垂直的变量相互作用。

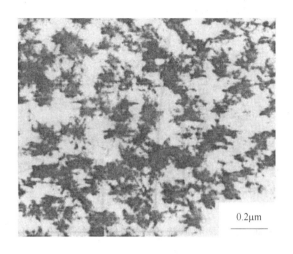

0.2μm

图 1-24　在 Ti-15.6Mo-6.6Al 的 β′粒子中析出的细晶粒 α 片晶

（350℃，时效 100h，TEM）

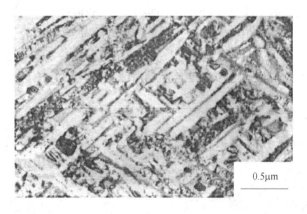

0.5μm

图 1-25　商用 β 钛合金 β-CEZ 中 α 片晶的尺寸和分布

（580℃，时效 8h，TEM）

由于这些非共格的 α 片晶太细小，不会发生塑性变形，它们仅能看作硬的、潜在的可成型粒子，因此，具有此类微结构的 β 钛合金可获得很高的屈服应力，但这类合金的屈服应力也能很容易地降低，例如，通过采用两步热处理，就可以将其调整到所期望的数值。第一步是在（α＋β）相区域高温下进行退火，以便析出所希望的体积分

数的大晶粒 α 片状体；第二步是在较低温度下进行时效处理，以减少细晶粒 α 片晶的体积分数。大晶粒 α 片状体比细晶粒 α 片晶对屈服应力的影响小，因为大晶粒能降低塑性。目前，根据强化机理，大晶粒 α 片状体仅适于边界强化，但对所有具有 α 相析出的微结构而言，在 α 相析出过程中，β 基体的位错密度增加了，因此，位错强化对屈服应力也有作用。

α 相总是优先在 β 晶界上形核，并形成连续的 α 相层，尤其是 β 合金，细晶粒 α 片晶的强化提高了屈服应力的量级，这些连续的 α 相层对力学性能有害，作为此类微结构的 1 个例子，见图 1-26 的 β 合金 Ti-10-2-3。β 合金热变形工艺的主要目的就是要消除或降低连续的 α 相层对力学性能的不良影响。

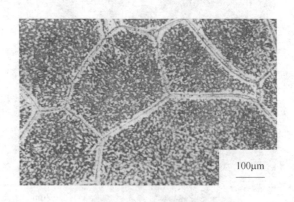

图 1-26　β 合金 Ti-10-2-3β 晶界上的连续 α 相层（LM）

在含有高含量 β 相稳定元素的 β 合金中，有时，通过常规的时效处理，要使 α 片晶均质分布是困难的，特别是时效温度在亚稳态两相区域以上时。究其原因，是在热处理温度与时效温度一致时，前驱体（ω 或 β′）的形成或 α 的形核非常缓慢，以至于不能完成，在这种情况下，采用在低温下的预时效处理，有可能使更多的 α 片晶均质分布，如图 1-27 中 β 合金——β（Beta）C 中的 α 片晶分布效果。另外一种可能的方法就是在时效前先冷却，通过位错上的形核使更多的 α 片晶均质分布。

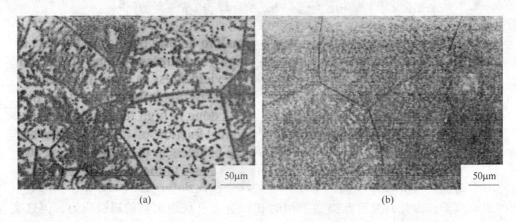

图 1-27　预时效后 β 合金—β（Beta）C 中的 α 片晶分布效果（LM）

(a) 540℃时效 16h；(b) 440℃时效 4h＋560℃时效 16h

1.5 钛及钛合金的分类及应用领域

1.5.1 钛及钛合金的分类

1956 年，麦克格维伦提出了按照退火状态下相的组成对钛及钛合金进行分类的方法，即将钛及其合金划分为纯钛、α 钛合金、α + β 钛合金和 β 钛合金四类。

纯钛在常温下为密排六方晶体，885℃时转变成体心立方结构（β 相），该温度称为 β 钛相变点。在纯钛中添加合金元素，根据添加元素的种类和添加量的不同，会引起 β 钛相变点的变化，出现 α + β 两相区。合金化后在室温下为 α 单相的合金称为 α 钛合金，有 α + β 两相的合金称为 α + β 钛合金，在 β 钛相变点温度以上淬火，能得到亚稳定 β 单相的合金称为 β 钛合金。

但是如果按工艺方法分类，钛合金可分为变形钛合金、铸造钛合金及粉末冶金钛合金等；按使用性能分类，钛合金可分为结构钛合金、耐热钛合金及耐蚀钛合金。在我国，钛合金牌号分别以 TA、TB、TC 作为开头，表示 α 钛合金、β 钛合金、α + β 钛合金。

表 1-7 列出了按照麦克格维伦分类的重要商用钛合金。

表 1-7 重要的商用钛合金

常 用 名 称	合金组成（质量分数/%）	β 相转变温度 T_β/℃
α 合金和商业纯钛（CP 钛）		
1 级	CP-Ti（0.2Fe，0.18O）	890
2 级	CP-Ti（0.3Fe，0.25O）	915
3 级	CP-Ti（0.3Fe，0.35O）	920
4 级	CP-Ti（0.5Fe，0.40O）	950
7 级	Ti-0.2Pd	915
12 级	Ti-0.3Mo-0.8Ni	880
Ti-5-2.5	Ti-5Al-2.5Sn	1040
Ti-3-2.5	Ti-3Al-2.5V	935
α + β 合金		
Ti-811	Ti-8Al-1V-1Mo	1040
IMI685	Ti-6Al-5Zr-0.5Mo-0.25Si	1020
IMI834	Ti-5.8Al-4Sn-3.5Zr-0.5Mo-0.7Nb-0.35Si-0.06C	1045
Ti-6242	Ti-6Al-2Sn-4Zr-2Mo-0.1Si	995
Ti-6-4	Ti-6Al-4V（0.20O）	995
Ti-6-4ELI	Ti-6Al-4V（0.13O）	975
Ti-662	Ti-6Al-6V-2Sn	945
IMI-550	Ti-4Al-2Sn-4Mo-0.5Si	975
β 合金		
Ti-6246	Ti-6Al-2Sn-4Zr-6Mo	940

续表 1-7

常用名称	合金组成（质量分数/%）	β相转变温度 T_β/℃
Ti-17	Ti-5Al-2Sn-2Zr-4Mo-4Cr	890
SP-700	Ti-4.5Al-3V-2Mo-2Fe	900
β-CEZ	Ti-5Al-2Sn-2Zr-4Mo-4Zr-1Fe	890
Ti-10-2-3	Ti-10V-2Fe-3Al	800
β21S	Ti-15Mo-2.7Nb-3Al-0.2Si	810
Ti-LCB	Ti-4.5Fe-6.8Mo-1.5Al	810
Ti-15-3	Ti-15V-3Cr-3Al-3Sn	760
βC	Ti-3Al-8V-6Zr-4Mo-4Zr	730
B120VCA	Ti-13V-11Cr-3Al	700

1.5.1.1　α合金和商业纯钛（CP钛）

从表 1-7 可以看出，4 种不同等级的商业纯钛（CP 钛）的区别在于氧含量的不同，其变化从 0.18%（1 级）到 0.40%（4 级），含氧量的多少决定了材料屈服应力的等级。

Ti-0.2Pd 和 Ti-0.3Mo-0.8Ni 两种合金有比商业纯钛（CP 钛）更好的耐蚀性能，它们通常被称为 7 级和 12 级，其铁和氧的含量以商业纯钛（CP 钛）2 级为限。Ti-0.2Pd 有更好的耐蚀性能，但价格比 Ti-0.3Mo-0.8Ni 贵。

具有良好退火性能的 α 钛合金，含有由铁作为稳定元素的少量 β 相（体积分数为 2%~5%），β 相有助于控制再结晶 α 晶粒的尺寸和改善合金的耐氢性。系列中 Ti-5Al-2.5Sn（含 0.20% 的氧）比商业纯钛（CP 钛）（4 级：480MPa）有更高的屈服应力等级（780~820MPa），它可在多种温度下使用，最高使用温度可达 480℃；Ti-3Al-2.5V 合金具有优异的冷成型性能，经常被称为"半 Ti-6-4"，主要被制作成无缝管，用于航天工业和体育用具。

1.5.1.2　α+β 合金

表 1-7 中列出的系列 α+β 合金在图 1-28 中有一个从 α/α+β 边界到室温下与 M_s 线交叉的范围，因而当从 β 相区域快速冷却至室温时，α+β 合金会发生马氏体相变。含少量 β 相稳定元素，体积分数（小于 10%）的合金也经常被称作"近 α"合金，它们主要用于高温条件下。如含 β 相稳定元素体积分数 15% 的 Ti-6Al-4V 合金，这种合金在强度、延展性、耐疲劳性和抗断裂等方面有很好的综合性能，因而获得了最为广泛的应用，成为钛工业中的王牌合金，占全部钛合金用量的 80% 左右，但其最高只能在 300℃ 下使用。许多其他的钛合金牌号都是 Ti-6Al-4V 的改型。

1.5.1.3　β 合金

β 合金实际上都是亚稳态 β 合金，因为它们都位于相图（图 1-28）中的稳定（α+β）相区域。由于在单一的 β 相区域，稳态 β 合金作为商业用材料并不存在，因此，通常用 β 合金表述。β 合金的特征在于从 β 相区域以上快冷时并不发生马氏体相变。列于

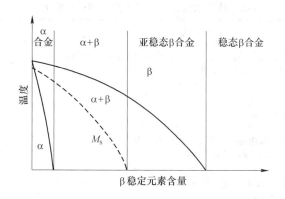

图 1-28　β 同晶型相图的伪二元相截面图（简图）

表 1-7 中 β 合金最前面的 Ti-6246 和 Ti-17 两种合金，通常可在 α + β 类合金中找到。

虽然在表中列出的常用 β 合金的数量不亚于 α + β 合金的数量，但实际上，β 合金的用量在整个钛市场上的比例是很低的，尽管如此，由于 β 合金诱人的性能，特别是其高的屈服应力和低弹性模量，在一些应用领域（如弹簧），其使用量正在稳步增长。

由于纯钛及钛合金的主要应用领域不同，各国的优势工业不同，所以纯钛及钛合金在各国钛市场上所占份额也相差很大。在拥有发达的军用及民用航空工业的美国，以 Ti-6Al-4V 为主的钛合金用量约占总量的 74%，纯钛用量仅占 26% 左右。与此相反，在基本没有本国航空工业的日本，纯钛的用量高达 90% 左右，仅 10% 左右为钛合金。

1.5.2　钛及钛合金的应用领域

钛及钛合金的比强度、比刚度高，抗腐蚀性能、接合性能、高温力学性能、抗疲劳和蠕变性能都很好，具有优良的综合性能，是一种新型的、很有发展潜力和应用前景的结构材料。目前，钛及其合金主要用于航天、航空、军事、化工、石油、冶金、电力、日用品等工业领域，被誉为现代金属。

由于钛材质轻、比强度（强度/密度）高，又具有良好的耐热和耐低温性能，因而是航空、航天工业的最佳结构材料。

钛与空气中的氧和水蒸气亲和力高，室温下钛表面形成一层稳定性高、附着力强的永久性氧化物薄膜 TiO_2，使之具有惊人的耐腐蚀性，因此，在当今环境恶劣的行业中，如化工、冶金、热能、石油等领域，得到广泛应用。

钛及钛合金在海水和酸性烃类化合物中具有优异的抗蚀性，无论是在静止的或高速流动的海水中钛都具有特殊的稳定性，从而在海洋技术，特别是在含盐的环境中，如在海洋和近海中进行石油和天然气勘探的优选材料。

钛及钛合金具有最佳的抗蚀性、生物相容性、骨骼融合性和生物功能性，因而被选用作为生物医用材料，在医学领域中获得广泛应用。

钛及钛合金还具有质轻、强度高、耐腐蚀并兼有外观漂亮等综合性能，因而被广泛用于人们的日常生活领域，如眼镜、自行车、摩托车、照相机、水净化器、手表、展台框架、打火机、蒸锅、真空瓶、登山鞋、渔具、耳环、轮椅、防护面罩、栅栏用外防护罩等。表 1-8 列出了钛及钛合金制品在部分领域中的应用情况。

表 1-8　钛及钛合金制品在部分民用领域中的应用

应用领域	用　　途	优　越　性
化工工业	石油冶炼，染色漂白，表面处理，盐碱电解，尿素设备，合成纤维反应塔（釜），结晶器，泵、阀、管道	耐高温、耐腐蚀，节能
交通类	飞机、舰船、汽车、自行车、摩托车等的气门、气门座、轴承座、连杆、消音器	减轻重量、降低油耗及噪声、提高效率
生物工程	制药器械，医用支撑、支架，人体器官及骨骼牙齿校形，食品工业，杀菌材料，污水处理	无臭、无毒、质轻耐腐，与人体亲合好，强度高
海洋与建筑	海上建筑、海水淡化、潜艇、舰船、海上养殖，桥梁、大厦的内外装饰材料	耐海水腐蚀，耐环境冲击性好
一般工业	电力、冶金、食品、采矿、油气勘探、地热应用，造纸	强度高，耐腐蚀、无污染、节能
体育用品	高尔夫球杆，马具，攀岩器械，赛车，体育器材	质轻、强度高、美观
生活用品	餐具，照相机，工艺品纪念，文具，烟火，家具，眼镜架，轮椅，拐杖	质轻、强度高，无毒、无臭、美观

2　海绵钛生产及钛锭熔炼

2.1　海绵钛生产工艺

钛的化学活性强，难以提取，为了从钛矿中分离出金属钛，1940年，卢森堡科学家克劳尔（W. J. Kroll）用"镁法"还原$TiCl_4$提取纯钛。最先用于生产钛的矿物是金红石（TiO_2）或钛渣（$FeTiO_3$），从这些矿物中制取金属钛分为以下五个不同的步骤或工序：

（1）矿物经氯化生成$TiCl_4$。

（2）$TiCl_4$的蒸馏提纯。

（3）还原$TiCl_4$生产金属钛［克劳尔（Kroll）工艺］。

（4）除去还原工艺的副产品，以提纯金属钛（海绵钛）。

（5）金属钛的破碎和分级，以便得到适合下一步商业纯钛(CP钛)和钛合金熔炼的产品。

从高品质TiO_2矿物中制得的金属钛，因多孔且具有海绵外观而被称为"海绵钛"，海绵钛更适于后续熔炼。美国首先用此法开始了工业规模的生产。Kroll法至今仍是钛的主导生产工艺。而在研究金属钛的开发之前，$TiCl_4$的工业生产已经存在了，这是因为$TiCl_4$是生产涂料用的高纯二氧化钛的原料。时至今日，仍然有5%的$TiCl_4$用于生产金属钛。

2.1.1　矿物经氯化生成$TiCl_4$

氯化工艺对金红石的纯度要求不高，如果采用钛铁矿代替金红石，其原料为富含TiO_2的钛渣，钛渣为用碳在电炉中熔炼钛铁矿生产铁时的副产品。氯化反应发生在含TiO_2、随金红石一起进入氯化器的杂质和碳（焦炭）的沸腾床内，其简图如图2-1所示。Cl_2（气态）从氯化器底部引入，在反应器中与含杂质的TiO_2和碳接触反应，反应产物为金属氯化物（MCl_x）、CO_2、CO和气态$TiCl_4$（$TiCl_4$的沸点为136℃），这些反应产物从反应器顶端导管排出并直接进入分馏单元。

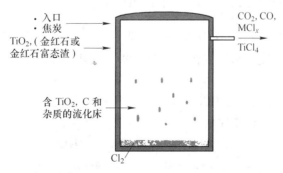

图2-1　用于生产$TiCl_4$的沸腾氯化床示意图

（经 J. A. Hall 许可）

2.1.2　TiCl₄ 的蒸馏提纯

生产过程的第二步为蒸馏工序,这是因为来自氯化工序的初级 $TiCl_4$ 需要进一步提纯。提纯是由如图 2-2 所示的 $TiCl_4$ 分馏来完成的,采用的是两步蒸馏提纯工艺 (图 2-2)。第一步是除去低沸点的杂质物, 如 CO 和 CO_2 等, 第二步是除去高沸点的杂质物, 如 $SiCl_4$ 和 $SnCl_4$ 等, 净化后的 $TiCl_4$ 在使用前一直在惰性气体保护下储存。

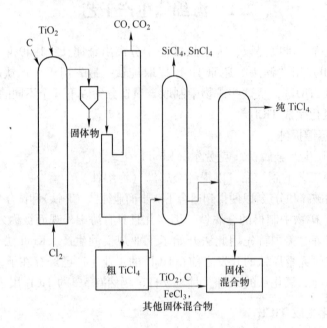

图 2-2　氯化器简图

左侧为给料分馏单元(中间有双塔),右侧为承接容器(经 J. A. Hall 许可)

基本的氯化反应式如下:

$$TiO_2 + 2Cl_2 + C \longrightarrow TiCl_4 + CO_2$$
$$TiO_2 + 2Cl_2 + 2C \longrightarrow TiCl_4 + 2CO$$

2.1.3　TiCl₄ 还原生产金属钛［克劳尔(Kroll)工艺］

生产过程的下一步工艺是 $TiCl_4$ 的还原,即克劳尔(Kroll)工艺。净化后的 $TiCl_4$ 加入到已加入了金属镁并充满惰性气体的反应器中,加热到 800~850℃时,发生如下总的还原反应:

$$TiCl_4 + 2Mg \longrightarrow Ti + 2MgCl_2$$

该反应实际上由以下两步完成:

$$TiCl_2 + Mg \longrightarrow TiCl_2 + MgCl_2$$
$$TiCl_2 + Mg \longrightarrow Ti + MgCl_2$$

克劳尔(Kroll)还原反应器的简图如图 2-3 所示,左边的还原反应器与右边的真空蒸馏器耦合连接。通过上述反应式还原的最后产物金属钛本身是相当纯净的,但纯金属钛会

与 $MgCl_2$ 发生混合，随着克劳尔（Kroll）还原过程的进行，大部分的 $MgCl_2$ 被不断除去，但仍有一定量的残留，它们的去除将在后续的金属钛提纯阶段讨论。

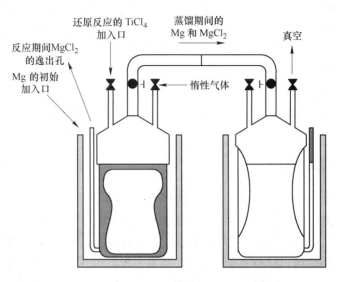

图 2-3　克劳尔（Kroll）反应器简图

左侧的反应器与右侧的用以收集真空蒸馏过程中去除的 Mg 和 $MgCl_2$ 的收集器耦合连接（经 J. A. Hall 许可）

由于还原反应是放热反应，故加入含 Mg 反应器中的 $TiCl_4$ 的速度要在可控的温度之下，这对防止生成致密的固体反应物，以至于阻碍其他生成物的挥发是必要的，此反应的产物是金属钛和 $MgCl_2$ 的混合物，被称为"海绵钛块"，为克劳尔（Kroll）工艺的产物。

早在 1910 年亨特（Hunter）就证实，采用熔融 Na 能还原 $TiCl_4$，这种制备海绵钛的方法称为亨特（Hunter）法。在 1960～1995 年间，使用该法生产了大量的海绵钛。目前，已经没有利用该法大规模生产海绵钛的工厂了，其主要原因是从经济上考虑，使用镁作还原剂比使用钠更具有吸引力。

2.1.4 提纯金属钛

生产过程的下一步工序是金属钛的提纯，即从海绵钛块中除去残留的 $MgCl_2$。可以采用以下几种方法中的一种分离 $MgCl_2$：酸浸、惰性气体吹扫或者真空蒸馏。酸浸利用了 $MgCl_2$ 在酸性溶液中的优先溶解性，通过一种分离浸出方法，将 $MgCl_2$ 从经破碎的海绵钛块中除去，该法现已不再广泛使用了。其他方法具有在克劳尔（Kroll）反应器内直接除去 $MgCl_2$ 的优势，这些方法利用了 $MgCl_2$ 的高蒸气压，通过蒸发选择性地除去 $MgCl_2$；然后再冷凝，实现从海绵钛中回收 Mg 和 Cl_2。而惰性气体法则是使用氩气作为载体输送 $MgCl_2$ 蒸气。

图 2-3 所示是真空蒸馏工艺（VDP）简图。在该工艺中，海绵钛块在左侧的克劳尔（Kroll）反应器内真空下加热，此时，挥发性的 $MgCl_2$ 和过量的金属 Mg 因蒸气压而被抽走，并在另一个容器内冷凝（见图 2-3 中的右侧容器）；该容器在新添加 Mg 后，用作下

一次还原期的克劳尔（Kroll）反应器。图 2-3 中左侧装有海绵钛块的容器用一空罐替换，该工艺是具有经济优势的半连续工艺。在三种海绵钛提纯工艺中，真空蒸馏工艺（VDP）处理过的海绵钛块中，挥发性物质含量最低。在高温（700～850℃）条件下，真空蒸馏工艺（VDP）下的反应器会传质，即海绵钛会从不锈钢反应器中吸收少量的 Fe 和 Ni。在高温合金中，Ni 尤其不受欢迎，因为 Ni 含量超过极限值后会降低其蠕变强度，这在海绵钛块的烧结中也如此。

在两种工艺（惰性气体吹扫和 VDP）中，Mg 和 Cl_2 都可以回收和循环利用。目前，Mg 还原生产海绵钛已基本实现批量闭路循环生产，只是批次与批次之间需要"配入"适量的 Mg 和 Cl_2。

2.1.5 海绵钛的破碎和分级

在除去过量的 Mg 和 $MgCl_2$ 后，要进行海绵钛的破碎和分级，块状海绵钛将被破碎为粒状金属钛。经过破碎和分级，较粗粒级的海绵钛需剪切进一步减小其尺寸。破碎和剪切操作在空气中进行，但要小心，因为钛是潜在的自燃物，操作中出现的任何火源，都会产生富氮区而污染海绵钛，导致后续产生熔炼缺陷。较高的 VDP 工艺操作温度会使海绵钛块分割变得困难，除非有特别要求，一般海绵钛厂商都不会去追求生产实际平均粒度小于 3～5cm 的产品，这既可消除进一步破碎和剪切的操作成本，又可避免在这些操作中使海绵钛起火的危险。所期望的或者特定的海绵钛粒度取决于拟生产的最终产品，粗粒级（大到 2.5cm）的海绵钛可用于生产商业纯钛（CP 钛）和大部分标准等级的钛合金；但应用于高性能领域时，如飞机发动机叶片等，则需要更小粒级（最大 1cm）的海绵钛，这主要是由于熔炼产品在叶片级材料应用中间隙稳定缺陷的考虑，此类海绵钛颗粒尺寸如图 2-4 所示。

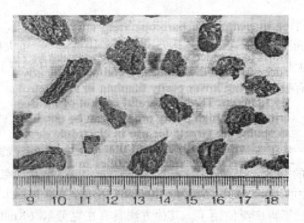

图 2-4 单个海绵钛颗粒的低倍图片

(经 J. A. Hall 许可)

海绵钛的生产成本可以分为五部分：人工费、设备维护费、公用设施费和两种主要原料（Mg 和 $TiCl_4$）的费用。图 2-5 所示饼图表明了这些要素在总成本中的比例关系。从图中可以看出，$TiCl_4$ 的原料费用占到了总成本的 50% 以上，所以要降低海绵钛的生产成本必须在物料上下工夫。

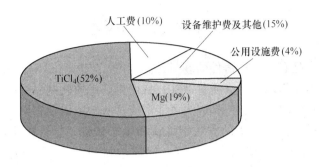

图 2-5　海绵钛产品主要成本要素构成比例

（经 J. A. Hall 许可）

2.2　海绵钛其他生产工艺

对其他金属钛的生产工艺，虽然已经进行了多年的研究，绝大多数的研究都致力于降低海绵钛的生产成本，但总的说来都不成功。钛的电解（也称电积）生产是一个较有吸引力的例子，在 1975～1985 年间，道 - 侯迈特（Dow-Howmet）成功地在美国建成了一个中试规模的示范厂，由于当时钛市场低迷，无法进行规模化生产，实际上，一个足够可靠的、能承担规模化电解还原的体系并未得到实现，有待验证的问题是密封大电解槽的能力能否维持纯净的操作环境和电极的长期稳定性。

此外，最近通过电解精炼生产高纯钛的努力，在技术上和经济上都是非常成功的。电解精炼首先将不纯的钛溶解于电解质中，然后以高纯钛再沉积出来，通过精心控制沉积条件和电解质的纯度，可以得到高纯产品，这种高纯金属可以被制成溅射靶材用于生产电子器件。电解精炼钛在经济上的可行性是因为使用高纯钛材的用户，使用这种高附加值产品的数量相对较小，在经济性上，完全不同于结构材料的应用。

目前，正深入研究一种制备海绵钛的新工艺，该工艺被称为电解 - 还原（Electro-Deoxidation）工艺（EDO）™。EDO 工艺应用熔融 $CaCl_2$ 熔池和石墨电极，通过电解，从含氧钛离子中分离氧，从而将压实或烧结的 TiO_2 阴极转化为钛，反应后在原始阴极上析出多孔金属钛。从原理上讲，如果希望合金元素的含氧量与阴极氧混合，并且随 TiO_2 一起被电解还原，那么，该工艺也具有制备预合金化海绵钛的能力，但采用该工艺取得的效果非常有限，并且规模化生产的可能性仍需分析和论证。尽管如此，该工艺仍令人振奋，这主要基于几个原因：首先，它能够制备预合金化海绵钛，这可省略海绵钛制备、合金化元素混合、机械压密等步骤（这些步骤都是为了制备初始熔炼电极，以便熔炼金属铸锭），将能极大地降低制造成本；其次，该工艺具有在钛中加入合金化元素（如 W，Cu 等）的能力。新工艺开辟了可同时选择多种合金元素的路子，这在以前，由于熔炼的局限性，是不可设想的。EDO 工艺在技术上的可行性已得到证实，但放大后的许多细节，从重现性到生产成本等方面还需要深入的研究和分析。因此，尽管 EDO 工艺将来是否能商业化应用现在尚不清楚，但由于其具有革命性的变革，故在此提及。

2.3　钛锭熔炼技术

钛锭是钛轧制产品和重熔钛铸件的坯料，其生产工艺虽然通常称为"熔炼"，但是熔融金属的再凝固才是获得均质、高质量钛锭，从而得到优质轧制品的关键。要使钛产品品质优异，必须使其缺陷最小，也正是因为可能形成这些缺陷以及它们存在的严重后果，研究者采用各种精心设计的、昂贵的方法熔炼钛和生产钛锭，尽管防止这些缺陷的成本很高，但如果不能消除它们，那么这种高强、轻质的材料就不可能应用于大部分需求的领域。

熔融钛反应性极强，因此，生产非合金钛锭（CP 钛）和各种不同的钛合金锭需要采用特殊的装备。钛及钛合金或者在真空电弧重熔炉（VAR）中熔炼，或者在冷床熔炼炉（CHM）中熔炼。无论采用何种方式，熔炼都要防止熔融钛与熔炼炉的耐火材料接触（如真空感应熔炼炉的耐火材料）或避免暴露于空气中。自从钛成为一种商业产品以来，钛及钛合金一直用真空电弧熔炼法生产，而冷床熔炼技术是在约 1985 年后，为生产"转子级"钛制品才获得商业应用的。

2.3.1　真空电弧重熔（VAR）

实际上，使用真空电弧重熔这一名称是一种误称，因为它是用于钛金属生产的初始熔炼工艺，之所以沿用这一名称，是为了与镍基合金和特殊钢的生产进行比较，它们的初始熔炼工艺都采用了真空感应熔炼，接下来是真空电弧重熔。真空电弧重熔是生产钛金属的最常用工艺，但正如稍后所述，目前，冷床熔炼工艺正处于上升阶段。在这以前，真空电弧重熔工艺已成功地被应用于制造越来越大的钛锭。对于商业纯钛级（CP 钛级）和合金（如 Ti-6Al-4V），由于熔炼较大直径钛锭能力的改善，钛锭的尺寸（直径和重量）正不断加大。浇铸较大尺寸的铸锭更经济，这是因为在将铸锭加工成最终产品的过程中，损失更小以及包括物料重新装炉的熔炼时间更短，以上两个因素再加上生产所需 VAR 炉数量的减少，使产品成本降低。现在，通常熔炼铸锭的尺寸大约为直径 100cm，重量 10000 ~ 15000kg。其他钛合金的熔炼要困难得多，其原因是凝固过程中，合金元素具有较高的偏析倾向，这导致了既有 β 斑又有 Ⅱ 型缺陷的形成。如果用较小的铸锭生产具有偏析倾向的钛合金，会使 β 斑最小化，但这又会影响材料生产的成本。采用消除或最小化铸锭顶部收缩孔道的熔炼操作可避免 Ⅱ 型缺陷的产生。

真空电弧熔炼从初始熔炼电极开始，初始熔炼电极由机械压实的海绵钛块和合金元素组成，每一海绵钛块中都应有所要求的标准合金组成。海绵钛和合金元素在双锥鼓式搅拌机中混合，然后将混合物放在模具中，在室温下使用液压机将其机械压实成块。压实块具有适宜的"未加工强度"，可保持在操作和熔炼时不受损坏，这些压实块在一个惰性气体焊接舱内被焊接在一起，作为初始熔炼电极或称为"条棒"，由于获得钛的成本很高，在熔铸钛锭过程中，钛废料的循环利用和回收利用（经常称为回用）具有很高的经济价值。回收利用既包括非合金化等级的废料，也包括非转子级合金废料。回收方法是在电极焊接操作中将同样组分的废料加入电极，对这些废料应小心控制其原始成分和保持洁净，例如，通常不允许使用火焰切割的废料，因为经验证明，熔炼火焰切割边缘富含 N 和 C 区域的废料时，杂质不易除去，使最终产品中留下间隙稳定缺陷。机械加工钛部件中产生的车削也可用于电极制备，不过它们也需要特殊控制，车削必须清洗以去除任何切割残物，还需用 X 射线检测，确保其不含切割工具损坏的 WC 或其他高致密停留在铸锭中的杂质。回收物料的使用量有一定限度，在不同应用领域有不同的规范要求。图 2-6 所示是一张初始熔炼电极的照片，从照片中可以看出，呈砖型的压实海绵钛和主合金成分以及钛废料被焊接在一起形成第一次真空电弧熔炼的电极，该电极由电极杆送入 VAR 炉中。电极杆的构造见图 2-6 的左侧，当第一次熔炼操作完成后，铸锭从铜模中取出。图 2-7 所示为 VAR 工艺完成后生产出的一个很大的合金钛锭，钛锭的右边是 VAR 炉的真空套，其直径大约为 125cm，铸锭取出后，再次熔炼。对转子级的 VAR 材料，需经过三次熔炼，所以铸锭取出后，需倒置再重复一次熔炼工序。

图 2-6 焊接后的单个砖型第一次熔炼 VAR 电极和左侧电极杆

（经 RMI 许可）

图 2-7 第一次熔炼后的 VAR 铸锭（左边）

（经 J. A. Hall 许可）

采用 VAR 来生产均质、无疵瑕的钛合金锭，需精心操作，具体的熔炼工艺条件取决于实际生产的合金类型。在过去的 30 年中，对该工艺进行了大大小小数十次的改进，所有这些改进，其目的都是为了直接减少铸锭中可能产生的缺陷和保持铸锭的均匀性。图 2-8 所示是 VAR 工艺简图，图中给出了 VAR 炉熔炼用电极和水冷铜坩埚，坩埚上部包括熔体熔池和新铸锭。从图中可以看出，新铸锭顶部的熔体熔池位于固相线内部并延伸到新铸锭的顶部，在最后的熔炼操作中，需要监测和控制许多参数，这是获得均质、无疵瑕铸锭的保证。熔炼期间需要重视和经常监测的重要参数包括如下方面。

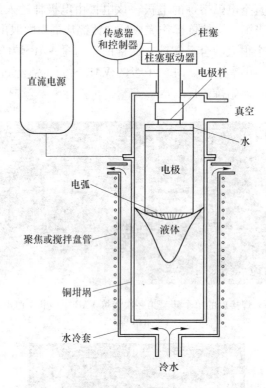

图 2-8　二次熔炼过程中的 VAR 炉和铸锭简图

电极在顶部重熔，新铸锭在底部形成（经 J. A. Hall 许可）

（1）连续监测炉内真空度，这是为了保证无空气或少量水泄漏，避免氮或氧污染熔体（大量水的泄漏会引起严重的爆炸事故）。

（2）连续调整熔化速度，以便控制铸锭顶部熔池的尺寸大小（图 2-8）。凝固偏析的倾向会引起合金类型的改变，因而控制熔化速度和熔池深度，这在很大程度上取决于经验。易于偏析的合金，如 Ti-17 或 Ti-10V-2Fe-3Al，通常将铸锭的直径减小到 75cm，并且以较低速度熔化（5~6kg/min 和 8~10kg/min）。经实践改进的熔炼工艺为：铸锭顶部保持一个更小、更浅的熔池，更低的熔炼速度，相应配置较低的电力（200~275kV·A 和 400~500kV·A）。

（3）大部分的 VAR 炉在铸锭模顶部安装了电子线圈，以便产生电磁场来搅拌熔融金属，这对改善铸锭的均质性是有效的。搅拌强度取决于不同的钛生产厂家和生产不同的合金，从经济利益讲，工艺上没有统一的规定，甚至是否必要也没有达成共识。

（4）在接近铸锭的末端部位（25%~35%）时，通过分步降低功率来降低熔化速度，在 VAR 工艺中，这和常规的 Ni 基或 Fe 基合金铸锭，冶金熔炼时的顶部加热操作一样。

该工艺将极大地减小缩孔和其他缺陷（如铸锭顶部Ⅱ型缺陷）的形成。由于缩孔能在产品中扩展，形成缺陷，因此，缩孔的减少，可降低加工过程中的金属损失，同时有效地消除缺陷。

控制熔炼的技能更多来自经验和取决于设备，因此，在熔炼操作中有很明显的"技巧"成分，这使得有经验的熔炼炉操作工（通常称"熔炼工"）成为所有钛生产商的宝贵资源。最后，使用基于系统知识的更好的工艺控制条件，可能减少对掌握大量操作经验个人的依赖。

2.3.2 冷床熔炼（CHM）

冷床熔炼（CHM）是一种较新的熔炼方法，对转子级材料而言，它较 VAR 工艺有几大优势。冷床炉的简图如图 2-9 所示，该法利用了一个水冷铜容器盛装熔融钛，冷床熔炼利用等离子弧或电子束熔炼炉传热。这两种情况下，由热源（电子束或等离子枪）提供输入的热量与被冷床吸收的热量是平衡的，这使得在与冷床接触的壁面上形成了一层很薄的固体钛合金（称为"壳"），所以熔融钛合金只能与形成的固体钛合金接触，这避免了由冷床带来的任何污染。

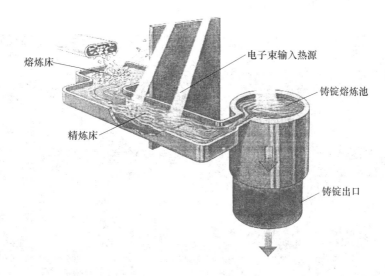

图 2-9　采用电子束熔炼炉的冷床简图

（经 THT-TIMET 许可）

冷炉熔炼的潜在优势如下：

（1）冷床熔炼能根据熔融金属凝固成铸锭的体积大小，独立地控制钛合金在熔融状态下的停留时间，创造一个机会，通过精炼消除了合金的富氮和富氧缺陷，而对于 VAR 工艺而言，要达此目的，需要形成一个又大又深的金属熔体熔池，否则易引起溶质的偏析。

（2）冷床熔炼能依据重力作用，将比重大的杂质自动分离，如工具屑中的 WC 或电极焊接屑中的钨等，它们都是熔炼物料中带入的，这些大比重的杂质进入到炉壁薄壳层区域内，并避免进入到铸锭中，这与 VAR 工艺完全相反，在 VAR 工艺中，电极中的所有组分都进入铸锭。

（3）冷床熔炼可直接浇铸非对称形状的铸件，如扁坯或棒坯等，它们较大型圆锭更适宜常规的板材轧制加工，如厚板、薄板或板带的加工，并且加工过程中的损失率更低，产品在价格上的竞争力更强。实践证明，用冷炉床熔炼来生产未经重新加热的合金轧卷有显著的优点。实际中，该法在制备冷合金卷板和合金带材时是具有吸引力。

（4）正如所强调的，钛的成本是拓展其应用领域的障碍，冷床熔炼是回收所有钛废料的最有效方法。

（5）与 VAR 炉腔的物理环境相比，冷床熔炼炉更易实现在线传感器控制，因此，该工艺更容易实现工艺控制，能做到真正意义上的对熔炼过程变化的监测。

目前，冷床熔炼中，使用的有两种技术：一种是等离子熔炼（PAM）技术，另一种是电子束熔炼（EBM）技术。这两种熔炼炉最显著的区别在于使用的热源（等离子枪和电子束枪），此外，电子束熔炼炉在真空下操作，而等离子熔炼炉在一定的氩气压力下操作，除以上差异外，两种熔炼炉在设备布置方面十分相似。生产中使用的冷床熔炼炉是很庞大的，图 2-10 所示是一个在电子束冷床熔炼炉真空室上面正工作的操作员，该炉具有年熔炼约 10^6 kg 金属钛的能力。

图 2-10　电子束冷床炉的尺寸规模

（经 Teledyne A Vac 许可）

冷床熔炼炉通常由几个炉室组成，如图 2-9 所示，从图 2-9 可以看出，入炉物料被加入第一炉室（熔化床）中，在这里，来自热源的能量将物料熔化。热源在熔池表面连续移动或扫描移动，在等离子熔炼炉中，等离子火焰通过机械手来改变方向；而在电子束熔炼炉中，则是通过电磁感应线圈来间接控制电子束的方向。计算机扫描热源并进行控制，使熔池表面温度保持一致，例如，它能补偿熔池一隅的水冷铜床失去的热量。电子枪和等离子枪的数量、热量输入及扫描方式取决于合金的种类和炉子的类型。钛合金一经熔化，便流过挡墙进入第一精炼床，在精炼床内也有热源使熔体保持熔融状态；之后，熔融合金又流过第二道挡墙进入第二精炼床，在这里，仍有另外的热源使熔体保持熔融状态并完成进一步的精炼；最后，熔融合金从第二精炼床的出口端流出，流入铸锭模。图 2-9 所示的是圆模，但也可直接浇铸成方型铸坯。图 2-11 所示的是通过电子束冷床熔炼炉浇铸的大型方坯，该方坯重达约 12000kg。与 VAR 工艺相比，冷床熔炼的主要缺点是在熔融合金倒入铸模中时，其过热度相对较小，此处所指的过热度 ΔT 是指熔融合金温度与合金熔点的差值，过热度较小会导致铸锭表面粗糙（也称为表面质量），表面质量差将增加处理工序，从而比 VAR 工艺增加成本。在浇铸方坯时，由于铸锭表面质量的影响，为保证其几何形状的优势，需对其进行平整处理。

图 2-11 冷床熔炼炉直接浇铸的大型钛方坯
(经 Teledyne Allvac 许可)

在熔炼过程中，熔融金属经过两次冷床精炼，这为分离熔融钛合金（也即合金精炼）的杂质并消除间隙稳定杂质提供了极好的机会。从热力学角度讲，这种分离杂质的驱动力是存在的，但从动力学角度看，反应速度显得相对较慢，因此，想要通过冷床精炼将间隙稳定杂质全部去除并不现实。显然，如果要通过合金精炼的方式将这些杂质全部除净，就需要延长熔体在炉内的停留时间，这会使冷床熔炼工艺在成本上不具有吸引力。毫无疑问，冷床熔炼将可完全除去比重大的杂质（HDIs），这也是冷床熔炼转子级材料的主要优势。实际上，在钛供应短缺期间，真实的情况是大量回收使用废钛料作为原料，废钛料使用量的增加，增加了大比重杂质（HDIs）在冷床熔炼中产生的可能性，即便使用转子级废钛料也如此。经模铸生产的后续产品的检测表明，冷床熔炼时，大比重的杂质（HDIs）并没有流过挡墙进入锭坯，这是由于钛和 HDIs 杂质比重的差异使比重大的杂质不断下沉，黏附于凝固壳与熔融合金的炉壁薄壳层区域内。

目前，在用冷床熔炼生产转子级合金时，生产出的铸锭最后还需再经过 VAR 工艺处理，这是因为无论采用电子束冷床熔炼或等离子冷床熔炼，所生产的铸锭都会产生与工艺相关的缺陷，在转子级高品质材料中必须消除这些缺陷。采用电子束熔炼工艺，从熔体中挥发的铝会沉积在冷床顶部和真空炉室的四周炉壁上，之后随各阶段熔炼进入熔体，形成富铝区域，在金属液凝固前，它们很难在熔体中均匀分布，最后的 VAR 工艺就是为了使合金再均质化。采用等离子熔炼工艺，氩离子等离子体会在熔体中形成微小的惰性气体气泡残留在铸锭中，由于氩气在钛中并不溶解，导致这些气泡最终成为气孔，通过最后的 VAR 工艺可以清除这些气泡。有两个因素可考虑不采用最后的 VAR 工艺，其一是成本，其二是如果发生真空泄漏或漏水以及其他熔炼炉故障，那么该步骤会增加再次产生间隙稳定杂质物的机会。最有希望消除相关熔炼缺陷的方法是分压等离子熔炼工艺，在该工艺的熔炼条件下，能做到铝的挥发和冷凝量最小，且分压可消除氩气带来的气孔。对该工艺的认识已有许多年了，这是建立在"仅通过冷床熔炼"工艺信心基础上的，然而，这需要对生产的材料作统计性的定量检测。转子级材料许可证制度的建立促使那些非许可熔炼工艺生产的材料必须仅使用于非转子领域。对于一些合金（如 Ti-6Al-4V）和非合金类材料（如 Ti-17 或 Ti-6246），它们可以用于许多非许可领域，因此，Ti-6Al-4V 的生产许可证是很容易获得的。在许可的非转子领域，该材料能生产和销售，这能降低所有许可生产产品的重复成本，但在许可证制度下，不包括通过冷床熔炼（CHM）回收已制造销售产品增加的费用，这对 Ti-17 或 Ti-6246 而言，从经济上讲，新的冷床工艺是不利的，今后需修改和完善许可证制度。

2.4　熔　炼　缺　陷

钛的缺陷主要有四种类型，其主要来源皆为熔炼过程，具体为：间隙稳定缺陷，称为 I 型缺陷或高间隙缺陷（HIDs）；高钨夹杂，称为高密度夹杂或 HDIs；α 稳定型富集区缺陷，称为 II 型缺陷；β 稳定型富集区缺陷，称为"β 斑"或钛锭凝固过程中出现的孔洞。对其他类型的金属材料而言，熔炼是消除缺陷，但钛的熔炼则带来缺陷，并且这些缺陷一旦形成，在所有后续加工步骤（包括重熔）中都难以消除，会严重影响材料的性能。对于这些缺陷，其成因尚不完全清楚，它们导致材料性能下降的严重程度也各不相同。表 2-1 概括了钛中已知的缺陷类型和可能产生缺陷的原因。

表 2-1 钛中与熔炼相关的已知缺陷和可能产生缺陷的原因

缺陷类型	可能产生的原因
类型Ⅰ（"硬 α 型"），亦称高间隙缺陷（HID）	海绵钛生产过程： ——处理或剪切时起火 初始熔炼电极生产： ——压实时起火 ——不适宜的废料 ——主要合金元素的污染 ——焊接时污染 熔炼和重熔过程： ——少量水泄漏 ——空气泄漏 ——铸锭精整过程中的过度摩擦
大比重杂质（HDIs）	废料加入： ——钨焊接电极 ——刀具混入车削屑
β 斑	熔炼偏析 转变点太靠近转变温度 （包括绝热效应）
类型Ⅱ（α 稳定型）	非正常的最终熔炼相（过多的孔洞形成） 不正常的浇铸顶盖撤除 EBM 熔炼期间的富铝"进入"
孔洞	转变时收缩孔洞的合并 非正常的转换操作

与熔炼相关的缺陷可分为内部缺陷和外部缺陷两类，这取决于它们的来源。外部缺陷是在电极准备期间或熔炼期间由无意中带入的杂质引起的，内部缺陷是在铸锭凝固过程中因不适宜的操作而产生的。

因此，钛锭凝固时必须通过控制以保证其均质性，达到均匀凝固的难度主要取决于合金成分，这些合金成分含形成 β 共析型的元素，如 Fe、Cr、Mn、Ni 和 Cu，很显然，降低凝固温度，会使凝固点上有一个很大的温度范围，这种状态将导致铸锭凝固期间的溶质偏析。凝固温度降低的最常规反应是相图中的共析反应（液＋固），如 Ti-Fe、Ti-Mn 和 Ti-Cu 系。以 Ti-Fe 相图为例子，如图 2-12 所示。共析反应拓展了合金的凝固范围，引起凝固的最终液体富集溶质，使铸锭凝固期间发生较大范围溶质偏析的可能性增大。如果合金成分中只含有 β 同晶型元素，如 Mo、V 和 Nb，则合金不会发生类似凝固温度降低的情况，在凝固偏析中，合金有较少的孔洞。冷凝时，Fe 或 Cr 的偏析会导致该区域 β 相转变温度的降低，在最终产品中，这些区域显示了有不同的微结构，有时，在低于热处理温度，但又接近正常的 β 相转变温度处理后，这些溶质富集区在材料中清晰可见，它们一般被称为"β 斑"。在合金 Ti-10V-2Fe-3Al 中 β 斑的例子如图 2-13 所示，图中，β 斑内，

大的 β 晶粒和最小体积分数的 α 沉淀物清晰可见。β 斑是合金中有元素凝固偏析的直接结果，偏析区域通常发生在几百微米到几毫米的范围，这些与凝固相关的缺陷能在任何钛合金中发生，不过，正如前文所述，含有共析型元素如 Cr、Fe 或者 Ni 的合金，通常更容易形成 β 斑，图 2-13 中的 β 斑对疲劳强度有害，因为它们的强度较低，易优先变形，并导致早期的形核裂纹。

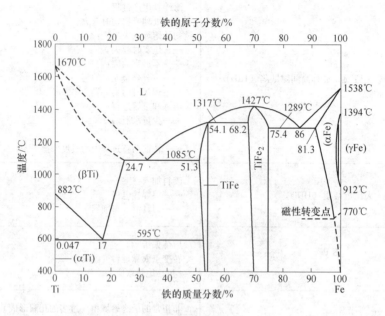

图 2-12　Ti-Fe 相图

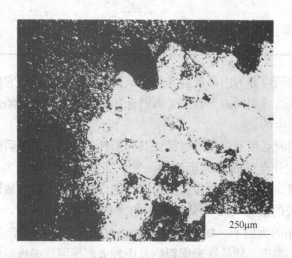

图 2-13　Ti-10V-2Fe-3Al 合金中 Fe 的富集区，称为 β 斑（LM）
（经 R. R. Boyer，Boeing 许可）

　　钛的易反应性也增加了形成间隙稳定杂质的可能性，这些杂质被称为 I 型缺陷，它们最常见的是氮富集化合物，即 TiN。氮的稳定型 I 型杂质很硬且脆，因此，经常被称为"硬 α"，在相对较低的应力下，其裂纹将导致材料的早期断裂。I 型杂质也可能是高浓度的富氧和（或）富碳聚集区，但这很不常见。图 2-14（a）所示的是锻造中的一个氮稳定 I 型杂质，由于在低应力下的断裂倾向，I 型夹杂能严重地降低材料的抗疲劳能力，然而，更应关注的是如何减少它的发生。在过去的几十年里，为了最大限度地减少钛合金产品中 I 型杂质，对入炉原料和熔炼工艺做了许多限制，使这些缺陷出现的概率降低了 10 ~ 100 倍。现在，在转子级钛合金中检测出 I 型缺陷的概率已减少到每 500000kg 熔炼材料中少于一个缺陷。由于飞机发动机工业使用的钛合金每年超过 1000000kg，这意味着熔炼后的缺陷检测和消除仍然是很重要的。最有效的检验方法为超声波检测。需要重点说明的是，超声波检测 I 型缺陷时，由于其基体上有孔洞，它们经常与缺陷共存，这从图 2-14（a）中能看出，这些孔洞存在的原因是基体与硬 I 型杂质间的应变不匹配。另外，由于与基体邻近的富氮区域杂质的存在，降低了其延展性也可能是一个因素，这取决于应变产生时的温度。从理论上讲，TiN 应该是可检测到的，因为它的模量比钛合金基体的平均值高约 30%，但实际上，该模量的差值与 α 钛的弹性各向异性值大约是一致的，因此，任何灵敏到足以检测这些差异的超声波技术也只能检测到其织构区域或起源方向，这导致了在超声波检测时发生许多误报，处理误报花去的时间和资源是转子级高质量材料生产时成本增加的一个重要因素。

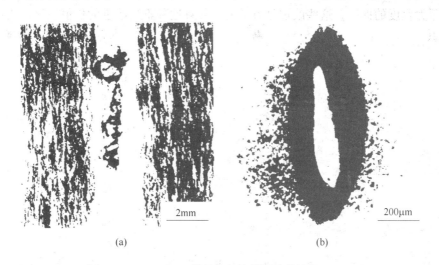

图 2-14　Ti-6Al-4V 锻件中与熔炼相关的缺陷，LM：
（a）I 型氮稳定杂质；（b）大比重的钨富集杂质
（经 C. E. Shamblen 许可，GE 飞机发动机）

另一种与熔炼相关的缺陷是 Al 富集，它通常是由靠近铸锭顶部缩孔内的 Al 富集区域进入产品后造成的，这些 Al 富集区域常称为 II 型缺陷。II 型缺陷对性能的影响比 I 型缺陷小，但在高强度合金，如 Ti-17 中，热处理（时效）时，这些缺陷不像周围基体一样发生变化而依然很软，因此，在疲劳状况下，它们将首先变形，引起早期的裂纹形核。II 型缺陷可通过适宜的熔炼工艺和截去含缩孔的部分消除，所以它并不会出现在产品中。合金偏析（β 斑和 II 型缺陷）也可以通过铸锭的均质化来达到最小化。

前已提及，钛屑的利用是钛资源循环利用的常用方式，它降低了产品的成本，增加了可用钛合金的数量，尤其是相对于钛的生产能力，在钛需求量很大的时期特别有用。另外一类废料是钛生产中产生的轧制废料，它们也可回收，如钛设备制造过程中产生的薄片和废板，再者，如热交换器也可通过分选后回收。实际回收过程中，产生的一个问题就是可能导致钨的富集，使大比重的杂质（HDIs）进入产品。这些钨富集杂质有两个主要的来源，即钨惰性气体（TIG）焊接时带入的电极和损坏的工具碎片中带入的 WC。高熔点的钨和 WC 杂质在真空电弧炉熔炼和随后的重熔中相对稳定，因此，它们以细粒状或非凝固态混入铸锭。图 2-14(b) 是钛合金锻件中 WC 杂质的分布实例，β 相中，杂质附近的黑色侵蚀基体上有微细的 α 相沉淀颗粒，这是因为扩散造成 β 相的 W 富集。

而在使用或回收废料时，废料在不同合金、材料等级、不同用户的使用量是广泛变化的。不同的发动机制造商，对用于转子级的材料，对废料的使用量有不同的允许值，其范围从不含到允许含 50% 的废料。其他（非转子级）材料对废料的限制不严，商业纯钛（CP 钛）则没有限制。采用冷床熔炼加入和回收钛屑被认为更容易和更经济，因为它们不需要先固结，可直接加入冷床熔炼炉中。

对钛合金熔炼工艺的讨论表明，为用其高性能，从化学反应制备初始材料到轧制生产出批量商用产品是极其复杂的。在过去的 40 ~ 50 年间，钛合金作为商业产品其制备技术已有了很大进步，同时，这些技术仍然可以改进，通过实际熔炼实践，钛合金成分的可靠性得到很大程度的提高，这些改进是有效的，并且这种不断改进的价值应该被用户和制造商所认识。

3 钛及钛合金主要成型工艺

3.1 钛及钛合金的轧制生产

3.1.1 轧前预处理

钛锭熔炼成型后，通常在使用前需在 β 相区域进行一次均质化退火，当合金采用均质化工艺处理时，时间和温度取决于合金种类，典型的温度是高于 β 相转变温度 200~450℃，时间是 20~30h。需要重点强调的是，均质化并不能除去 HDIs 杂质和I型（硬 α）缺陷。

在最终熔炼工艺完成后和热处理前，铸锭需平整，平整使铸锭表面光滑，这可消除铸锭在粗轧和变形操作中由于应力集中可能诱导的裂纹。对于圆锭，平整可通过打磨或车床车削完成，而方坯则通过打磨完成。打磨通常由手工完成，打磨过程中，必须注意控制表面温度的升高，如操作不小心，温度可能会升得很高导致产生间缝稳定区域，随后进入到最终产品中。

粗加工在锻压机上完成，此时的温度高于 β 相转变温度 150℃，在操作时，最初加入铸锭转变为方形或者四角为方形的圆形。在第一次再加热前初始应力的大小和合金相关，这取决于铸锭是否已进行过均质化处理，不过通常的变形量为 28%~38%（即从 90cm 的直径减少到 63~68cm 的方形）。在粗加工完成后，加工件采用风扇吹风冷却，然后加工件再次被加热到 β 相转变温度以下 35~50℃，发生约 30%~40% 的再结晶并细化组织，为连续的热加工做准备。对于（α+β）相合金，粗加工完成后，采用空冷，然后，加工件再次被加热到 β 相转变温度以上 50℃，采用快速冷却（Ti-6Al-4V 为水冷，其他合金如 Ti-17 或 Ti-10-2-3 多为风冷），发生约 30%~40% 的再结晶。初始加热，加工，冷却，再加热，加工，冷却的基本意图是使合金成分均匀，从而改善合金组织的均匀性，进而改善后续的热机械处理工艺，随后的热加工处理通常全在（α+β）相区域内完成，一般最小 65% 的额外加工量还可获得均匀的结构，这在锻造和热处理中可反映出来，更能通过超声波检测出来。在（α+β）相区域的加工，对于均化微结构是必要的，它有利于微观组织的控制和检测。在有孔洞偏析的合金中，孔洞在初始铸锭中的尺寸是很小的，可以采用镦锻操作来生产足够大直径的工件，这些工件将用于生产大直径的坯件，而坯件仍可保留较早的轮廓，此时，接下来的加工步骤主要由产品的形状决定，也即铸锭被指定为生产何种产品（坯，板，片或者棒）。在连续加工前，工件也需检验，主要检测表面裂纹或裂缝以及任何在连续加工过程中可能引起的尖角缺陷，如果出现这些情况，它们将返回平整阶段处理。

3.1.2 钛及钛合金的轧制工艺

钛合金的轧制产品基本上可分为四类：坯、可卷板（板和片）、棒和铸造电极。坯通常是圆形的，为锻造和辊环的原料；片材为最大厚度约为 25mm 的可卷板；板材为厚度大于 25mm 的可卷板；棒材可以是圆形的、方形的，或者在压延中成型以满足特殊需要的。铸造电极要由铸件厂商重熔，所以在形状上更像坯，但它需按所要求的直径和截断长度成型，不能因为它要被重熔而出现实际的其他微结构。图 3-1 所示为这些产品中每一种的相对百分比。从图中可以看出，坯材和可卷板材约占市场份额的 84%，坯材和大直径的棒材用普通旋锻机（称为 GFM）或锻压机生产，由于坯料是用于制造锻造模具的半成品，故制成的坯料表面必须满足高灵敏度的超声波检测，根据合金和坯料的锻造温度，可能需要粗磨或机械打磨。同时，棒材是终成品，同样地，它总是需要打磨或车削来达到可接受的表面质量，在要求的长度和形状上有相同的直径。采用 GFM 制造棒材，其产品的表面质量和同心度要比用锻压机锻造的好，制造成本也更经济，该设备的另外一个优点是生产的产品均匀，如需再加热，则需要的次数较少。图 3-2 所示是一种制造圆形产品的旋锻机，钛合金的旋锻较经济，其工艺相对容易控制，生产的产品均匀且适宜热加工，这在以坯料为原料，采用锻造方法开发所希望的微结构材料时具有优势。小直径棒材在棒式轧机上生产，棒式轧机有一系列连续小开口的轧辊 [科克斯（Kocks）轧机是此种轧机的一个例子]。上述两种情况下，在（α + β）相区域，其工作温度一般低于 β 相转变温度 50 ~ 70℃。在所有 α + β 相的工作温度下，钛合金都有相对较低的热传导性和相对较高的应力传导性。在高的变形率下，导热性太低会使工件在工作期间产生的热量不能很好地扩散。高的变形率使热产生率增大，在极端情况下，塑形断裂的临界应力会在局部超过剪切带应力从而形成小孔，这些小孔被称为应力诱导孔洞（SIP），图 3-3 所示是 Ti-6Al-4V 中应力诱导孔洞的实例，一旦这种孔洞在锻坯中形成，在随后的锻造处理中它们将永远不会消除，因此，它将作为一种缺陷一直保留到最终成品中，成为早期疲劳断裂的裂纹源。实际上，如果工作温度降低，应力诱导孔洞也能在板材中产生。此外，如果升温热处理得当，那么，在再加热过程中，能够延长工作时间和变形程度，在这种情况下，升温是有益的。在合金中，如果有形成 β 斑的倾向，那么升温时应小心控制，以避免工作区间的溶质富集区域温度超过 β 相转变温度。

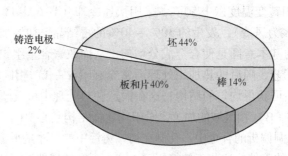

图 3-1　钛产品类型分布情况
（经 RMI 许可）

　　如图 3-1 所示，板材和片材在钛产品中占 40%。板材、片材、小直径棒材（包括杆）都是轧制而成的，轧辊包括平辊和槽辊。图 3-4 所示的是用于热轧钛合金片和板的大型"四高"轧机（每个工作辊被第二个辊反向，含四个轧辊叠加，因此称作"四高"）。轧制板材和片材的初始材料是铸锭经处理后的中间锻造坯，锻造坯热轧成方坯，然后进行进一步的多次热变形，直到最后形成所希望厚度的产品，板坯在进行表面打磨和酸洗前需退

图 3-2 用于减小圆坯直径的普通旋锻机（GFM）
（由 Teledyne Allvac 提供）

100μm

图 3-3 Ti-6Al-4V 锭坯中在 β 晶界处的应力诱导孔洞，LM
（由 P. Wayte，GE 飞机发动机公司提供）

火处理。热轧操作通常也是在 α+β 相区域，在低于 β 相转变温度 50~100℃下进行。轧制生产的板材经常需要更多的再加热处理，因为轧制增加了平板边角的裂纹应力，相对于通常的退火而言，最终的退火处理，通常更多的是采用去应力退火，例如，用户对 Ti-6Al-4V 产品提货时，经常要求所谓的轧制-退火状态，轧制-退火状态是指板材在大约 700℃时，短为 1h 或长到 8h，已经被处理过许多次的状态。在更高的退火温度下，屈服应力可能比初始残余应力更低，这会引起退火处理期间内部残余应力的释放，使板材产生严重的塑性变形从而失去平整度，由于蠕变平整的作用，较长的保温时间将导致平整度的恢复。产品的重量对其平整度的改善有影响，当温度足够高时，蠕变平整才会发生，并且需要的时间取决于塑形变形的程度，因此，退火后的产品平整度是退火时间和退火温度的函数。由于微结构条件不易控制，故板材的轧制－退火特性变化很大。图 3-5 所示为一些已生产好的板材，它们正等待装货，这些板材经常更多的是被用于飞机的机械零件。

图 3-4　轧制约 4m 长大型板材的"四高"板材轧机
（由 RMI 提供）

图 3-5　热轧、退火和表面处理后的 Ti-6Al-4V 板材
（由 J. A. Hall 提供）

为防止表面氧化，钛合金片材通常采用叠轧。叠轧时，将一组薄板坯密封入钢罐中，作为一组同时轧制。为了防止在轧制过程中片材之间互相粘接，每块薄板之间要使用惰性的"脱模剂"将其隔开。热轧完成后，钢罐被切开，取出已完成轧制的片材，然后进行酸洗、蠕变平整或整固退火，这取决于所要求的平整度。为了满足特殊的精度或平整度要求，有时，还需要进行最终的冷轧。为了加宽片材的宽度，叠轧时经常采用横轧，横轧也能减少最终产品的织构强度（优先的晶体学方向）和组织对称性。织构对片材的成型很重要，特别是在 α + β 合金中，如 Ti-6Al-4V 和 Ti-8Al-1V-1Mo 等。在任何情况下，热加工期间，片材在纵向和横向上产生的应力比都大于轧制板材，此外，在基体/横向织构产生的工作温度区间也会扩展，因此，这些产品总是具有明晰的织构，这使得材料的一些特性（如屈服应力和弹性模量等）呈各向异性。如果在产品设计时已认识和考虑到这些因素，那就不会有什么问题。

带材是类似片材的产品，但带材通常比片材窄并且非常长。带材基本上是单向轧制并在最后轧制后成卷。主要的带材产品为商业级纯钛（CP 钛）或 Ti-3Al-2.5V 合金。带材在化学工业中用于商业纯钛管（CP 钛管）焊接时是很经济的，带材的前段生产工艺与片材和板材的大体一致，但到了锭坯时，带材的后续生产工艺是热轧、退火、酸洗，表面打磨和热成卷，中间工艺也可能采用冷轧。图 3-6 所示是为最后精整而准备冷轧的退火后的热轧卷，冷轧精整常在多机架轧机，如斯特克尔（Steckel）或森吉米尔（Sendzimir）轧机上完成，这些轧机使用了几组直径不断减小，能往返轧制的轧辊，以确保冷轧薄带产品的平整性。森吉米尔（Sendzimir）轧机的简图如图 3-7 所示。冷轧后，带材再次退火然后成卷，由于带材的单向轧制，它总是具有非常明显的织构，但由于大部分生产做带材的材料为商业纯钛（CP 钛），故一般不作为限制条件。

图 3-6　准备在斯特克尔(Steckel)或森吉米尔(Sendzimir)轧机上为最后成卷带材冷轧的热轧纯钛(CP 钛)卷

(由 J. A. Hall 提供)

图3-7　用于冷轧高精度带材的森吉米尔（Sendzimir）轧机简图
（由 J. A. Hall 提供）箭头—小直径工作轧辊

3.2　钛轧制品的部件成型

从钛轧制品到实际零部件的成型是通过机械变形来实现的。钛的机械性能与其纯度有密切关系，随着杂质含量增加，其强度升高，塑性陡降。纯钛的强度随着温度的升高而降低，具有比较明显的物理疲劳极限，且对金属表面状况及应力集中系数比较敏感，钛与其他六方结构的金属相比，承受塑性变形能力较高，其原因是滑移系较多且易于孪生变形。钛的屈强比（$\sigma_{0.2}/\sigma_b$）较高，一般在 0.70 ~ 0.95 之间，弹性较好，变形抗力大（变形抗力也称为变形阻力，是金属抵抗使其塑性变形外力的能力。变形抗力通常用单向拉伸的 σ_s 表示，有时也用 σ_b 或 $\sigma_{0.2}$ 来表示），而其弹性模量相对较低，故加工变形抗力大，回弹性也较严重，因此钛材在加工成型时较困难。

3.2.1　锻造

锻造是用于制造钛合金部件的主要工艺，这也符合钛合金坯料占每年销售量最大比例的情况（图3-1）。在过去的几十年间，钛锻造技术取得了引人瞩目的进步，主要表现在两个方面。首先，达到接近所希望部件（近净成型）形状的能力显著提高，其次，操作和控制微结构以满足其特性的能力已成为公认的标准。近净成型的程度影响着锻造部件的成本，而微结构的控制又影响着部件的性能。锻造成本限制了它的应用，并变成了锻造件和铸造件竞争的核心问题。

钛合金利用锻锤锻造，锻锤分为自由落锤或蒸汽动力锤，大压力由机械螺杆传动或液压传动装置驱动。对高性能应用领域的材料有采用锻压的趋势，而对合金，需要严格控制锻造参数（应力、应变速率和温度）。在锻造过程中，钛合金比铝合金和合金钢有更大的的流变应力，故需要的锻造压力更大，这限制了许多现有设备对大型钛锻件的锻造。

美国有两种大型锻压机，欧洲有一种。这些锻压机的最大压力为50000t。苏联的上萨达冶金厂［Verkhnyaya Salda Metallurgical Productuon Operation（VSMPO）］还有一个

75000t 的锻压机（世界上最大）。由于这些锻压机形状巨大、成本昂贵，所以数量很少，图 3-8 所示为一种大型锻压机以及正在生产的大型钛锻件。

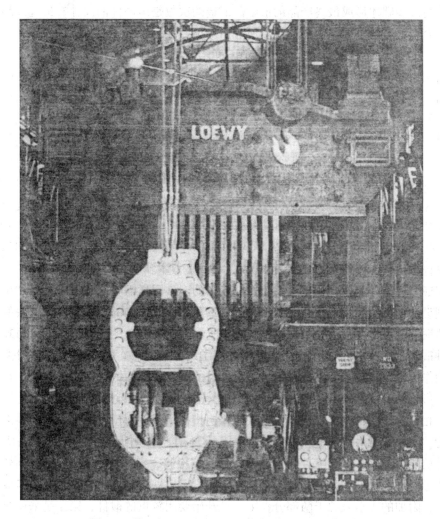

图 3-8　锻压机（50000t）和大型飞机舱壁锻件照片
（由 R. G. Broadwell，Wyman Gordon 提供）

钛合金的锻造采用开口模具或封闭模具方法进行。在开口模具锻造中，锻造模中的工件侧面不像封闭模锻造那样承受压力，很明显，两种锻造工艺的模具需要不同的边界条件。封闭模具工艺的成模更困难，但是一旦成模，它就更容易控制。原则上，首选何种锻造方法取决于所需控制微结构的程度，而这又是受所希望应用的临界值支配的；但实际上，锻造方法的选择也受其他经济因素的影响，也许，最重要的是要估算轧制的道次，因为这决定了采用封闭模锻造时制造更复杂和昂贵模具所需的每个部件的成本。典型的飞机机身或涡轮发动机的锻造需要几个步骤，这些步骤已在第一次锻造前经用户许可并已在锻造厂家制定出来。第一步是封装或粗轧处理，将工件制成所希望的形状和满足第一次粗锻的尺寸比，此时的工件经常被称为毛坯。封装是将小直径的锭坯锻粗为较大直径工件的简单操作，出于对材料微结构控制的原因，该过程中，需对小直径的锭坯采取适宜的热加工。在形状非常不规则的情况下，需要采用较大的、能局部形成均匀横截面的毛坯来生产非均匀横截面的产品，如飞机发动机风扇叶片的底部和中部翼罩区域，它通过许多粗锻步骤和一个终锻步骤才形成最终产品的形状。锻造的次数是由锻件的尺寸、最终产品形状的复杂性、合金锻造的可加工性决定的。所有情况下，在每一个工艺步骤后，工件都需要再加热处理。大部分的 α+β 合金，如 Ti-6Al-4V，是在（α+β）相区域内锻造的，但对 β 合金，所采用的工艺应考虑在一些情况下，如对所设计材料特性的破坏在可忍受的极限。

目前，对于要求高性能领域应用的所有锻件，生产厂家都建立了计算机建模辅助设计，这些模型记录了每个锻造步骤的应力、应变速率和工作温度的变化，这样做的目的是保证锻造后的锻件有均匀的微结构，包括所含的残余物能满足最后热处理的需要。模型的使用，增加了较大范围的锻件形状快速、精确成型的能力，并且在锻造和热处理后，锻件有所希望的微结构。当然，相对于反映其内在本质的外部变量（应力、应变速率、温度）和微结构变化而言，这种模型仍然是经验性的。因此，模型的应用在热加工—机械工艺中是先进的，但是如何应用基本原理来建模仍需要进一步的研究。实际上，虽然建模是相当复杂的，但已标准化了，用户喜欢的软件包，如 DEFORM 和 ABAQUS 现在已经广泛应用，这些程序可以在高端台式电脑上运行，因此，从计算的角度讲，这种建模的成本和复杂性是很微不足道的。

热模锻压成型的能力是相当大的，这些复杂的锻件同样需要满足要求的微结构，以确保其达到设计的机械和物理性能，如强度、模量和超声波检测的要求等。在过去的几十年内，这些锻件的尺寸也是不断增加的。图 3-9 所示是波音 747 飞机机械加工前的起落架锻件，这种锻件重约 950kg，是目前生产的最大钛合金锻件之一。航空应用的钛锻件被广泛机加工制作成复杂、质轻的零部件，机加工的目的就是去除原锻件多余的部分。在用锻件生产复杂形状的航空零件时，最终机加工后的零部件重量不到初始锻件重量的 10%，这种情况是相当普遍的，以至于实际中，人们普遍将初始锻件重量和机加工后的零部件重量之比称为"买飞"比，需要这种机加工的原因是不具备采用近净成型工艺制备所希望微结构锻件的能力，一些情况下，为了准确的超声波检测，需要制造一个呈直线形的锻件，这种直线形锻件经常被称为"声波形状"，这种需求极大地增加了从锻件到制作最终零部件的成本。附加的成本来源于两部分，第一是开始要用较重的锻件，第二是采用机加工去除多余的材料，其单位重量的成本要比初始锻件单位重量的成本高。

图 3-9　Ti-6Al-4V 用于波音 747 飞机起落架锻件的相片

（由 R. G. Broadwell，Wyman Gordon 提供）

大量去除多余材料的原因有两点：第一，强调减轻重量，就需要多次的包覆机加工和在锻造中对锻件的多次掏空，而这在锻造工艺中并不能实现；第二，对于关键锻件，如实际上已经被应用于涡轮发动机的锻件，需要进行详细、精确的超声波检测，这种检测，正如上面提到的，最好的方式是在直线型零件上进行，这种要求实际上限制了锻造封装复杂形状产品的等级，目前，相对于锻造工艺制备固有形状的能力，这种限制经常还需考虑。图 3-10 所示是大型涡轮发动机的机加工风扇叶片，这种已完成的叶片重约 170kg，它由重量约 1000kg 的初始锻件机加工而成。从锻件机加工成为大型飞机零部件的利用率是很低的，从重量讲，通常仅为初始锻件的一小部分（有时小于 5%）。作为一个例子，图 3-11 所示是用于双发动机军用飞机的舱壁锻件，从图中可以看出，锻造中机加工深部凹槽，就需要切除大量的材料。

图 3-10　锻造后机加工的大型商用飞机发动机风扇叶片
（由 GE 飞机发动机提供）

图 3-11　用如图 3-8 所示的大型锻件机加工的双发动机军用飞机的舱壁
（由 R. G. Broadwell，Wyman Gordon 提供）

　　尽管制造和机加工锻件的成本很高，但它们是高性能领域应用最广泛的产品形式，这是由于锻件有最好的性能，热加工—机加工工艺是锻造生产中不可分割的部分，它们为满足特殊应用中的关键特性创造了机会。

3.2.2　环型轧制

　　生产圆型产品最容易的方法是环型轧制工艺，环型轧制被用于生产圆环和圆筒形产品，两种产品的区别在于其直径和轴向高度的比例，圆环具有更大的比率。轧制圆环时，在锭坯中心穿孔从而形成一个厚壁圆筒，圆筒加热后被置于由两个轧辊组成的环型轧机中，轧辊通过向圆壁施压促使圆筒转动，从而使圆筒直径增加而壁厚减薄，图3-11所示为用大型锻件机加工的双发动机军用飞机的舱壁。环型轧制中，由于利用了轧辊的侧向强制力，故圆筒的轴向尺寸得以改变并可以控制。

　　轧制圆环要求具有更精确的圆度，并且无缝，同时沿圆周方向应具有良好的性能，它们可以通过熔焊或摩擦（惰性）焊结连接在一起形成圆筒，应用于喷气式发动机和火箭发动机的罩壳或其他领域。图3-12所示是无缝轧制圆环机加工后用于飞机发动机风扇罩的一个例子。虽然50~100cm是最常见的尺寸，但轧制圆环能被制作得更大，其直径甚至可超过300cm。用于压力容器的大型圆筒，通常轴向高度为150cm，图3-13所示的是Ti-6Al-4V无缝轧制圆环机加工后用于飞机发动机风扇罩的照片。

图3-12　用于制造大型无缝圆筒的环型轧机
（由 D. Furrer, Ladish Co. 提供）

3.2.3　金属切削加工

　　在所有传统的机加工方法中，与钢或铝合金相比，一般认为钛及钛合金的机加工是困难的。这些机加工方法主要包括铣削、车削、端部铣削、钻削和刀削。钛合金的热传导性低，这使得工具/工件表面产生的热量扩散速率降低，从而极大地降低了工具的寿命，当以较高的速度切削工具/工件表面金属时，这个问题变得更为严重。钛合金机加工时，通常采用慢速和较深的切口，采用较深切口切削，一方面可补偿慢速切削，另一方面可保证连续切削的切口在工件硬层原切口的基础上更深。另外，钛内在的反应活性容易引起新的

图 3-13　Ti-6Al-4V 无缝轧制圆环机加工后用于飞机发动机风扇罩的照片
（由 D. Furrer，Ladish Co. 提供）

暴露面与工具的反应，从而加速工具损坏的速度。改进切削工具的材料，如使用硬质合金和陶瓷，可以改善工具的损坏程度，但这些工具比较昂贵，因此，当计算成本时，如包括工具成本的话，虽使用新材料延长了工具寿命，但并不能降低切削单位体积材料的成本。在机加工零件中，其表面受限于大量的疲劳应力，这种由机加工诱导的残余应力状态是很重要的，此时，不允许经常将工具起吊、拆开或者改变，因而，使用长寿命的工具更经济和受欢迎。在铣削和车削等机加工过程中，采用改性的润滑剂和使用大量的润滑剂对散热很有帮助。钻削时，很难将大量的润滑剂加入钻头深孔的底部，特殊的钻头，称为带润滑剂钻头，沿轴上有润滑剂加入通道，能供给一些改性的润滑剂，但与铣削或车削相比，供给润滑剂的数量和循环速度仍然是很低的。在疲劳应力限制上，通常采用三个步骤钻孔：首先是钻削，然后是刀削绞边，最后是磨孔，这些过程花费都很高，但它是获得高比率深孔（深度超过孔径 5 倍）的可靠方法，这些深孔不易损坏，因而可能有最好的疲劳特性。允许采用的进料速度取决于特殊的机加工工艺和机加工的钛合金。商业纯钛（CP 钛）大约可以以比高强度合金（如 Ti-6Al-4V）高 2 倍的机加工速度，与 Ni 基合金或钢铁相比，钛合金的硬度更低（低于 50% 的弹性模量），所以加工时如果没有适宜的工具支撑，可能引起工件的偏移。在最后的机加工工艺中，特别是当公差要求很严格时，认识和强调这个问题非常重要。对于大件的反复加工，工件增加的成本可能并不重要，但对小尺寸零件的加工，工件的成本则是很大的成本增加项了。

　　除了工具固有的成本外，也许，工具寿命最严重的问题是，如果机加工时使用的是钝的或者是已损坏的工具，那么将会对材料表面造成潜在的损坏。众所周知，对碳钢和低合金钢的不适宜打磨，会引起未回火马氏体的形成，这些未回火马氏体很脆，从而会大大缩短钢材的疲劳寿命。钛合金的表面损坏即便不明显，也仍会产生诸如疲劳等严重后果。钛表面损伤的检测更困难，因此，消除关键零部件关键断裂点可能的损伤是通过工艺过程控制来完成的，这些控制方法包括在钻削或铣削时监测机床摆锤的扭矩，一旦扭矩升高到一定水平，被认为将产生危险或损坏工具时，就会报警。另外一种控制方法是严格限制工具的使用，如每个工具最多的钻孔数。采用限制扭矩和工具的使用次数等来保证安全很大程度上是建立在经验基础上的，机加工工艺参数的优化控制势在必行。

4　钛及钛合金的近净成型工艺

钛合金的成本是决定是否能够应用的重要因素，由于钛合金很昂贵，所以怎样最有效地使用钛合金极为重要。近净成型工艺能实现材料的高效利用，实现最少材料的浪费（图4-1），在生产钛合金零部件过程中比较常用的近净成型方法有铸造、粉末冶金、激光成型和传统片材的成型四种工艺。

图4-1　待装运的用商业纯钛（CP钛）制作的大型环状轧制圆筒，
右下角为用于制作圆筒的初始锭坯

（由 D. Furrer，Ladish Co. 提供）

4.1　铸　　造

由于铸造成本的降低和钛合金铸造质量和产能的提高，近十年来用铸造制备的钛零配件使用量不断增加，这使得铸件可用于更广的零部件范围，做到依据设计意图，用于更多的领域。铸件使用的增长导致了装配件的减少，在一些情况下，铸件可替代由原锻造机加工或由厚板或锭坯机加工的零件，或能替代由其他方法制作的零配件，使得下面三种情况成为可能：第一，改进了近净成型铸造技术；第二，由于使用热等静压（HIP），消除了可能引起初始态断裂的内部孔隙率，使铸件的疲劳特性得到改善；第三，减少了金属—铸模的反应。图4-2所示是飞机发动机熔模铸造的两个机架实例，其中一个铸件替代了需焊接的装配架和机械紧固件。每一个这种机架，当采用装配件时，要使用含紧固件在内的100多个零件。

钛合金的铸造有两种方法，实际生产时采用其中的一种。第一种是传统的铸造法，它使用捣固石墨作为铸模材料（相反的是采用沙–铁模和沙–青铜模铸造）。捣固石墨与熔融钛反应的可能性很小，这使得铸件有很好的表面质量。用捣固石墨制作的钛铸件可以有很复杂的形状，在常规的加工条件，如翻砂清洗和化学磨光后，它们有很好的表面质量。图 4-3 所示是一对用捣固石墨作为铸模铸造的物件。第二种是熔模铸造法，它是制造钛合金铸件使用更广泛的方法，采用该法成本较高，但它制作各种产品形状的能力使得铸件经济，因而具有吸引力，因为这些铸件能替代非常昂贵的锻件和机加工件或装配零件。熔模铸造法具有生产很复杂但又可近净成型产品的能力，此种铸件的例子如图 4-2 所示。该法中，首先制作零件图形，然后用蜡做成模型，这些模型是用标准的喷射模塑机通过喷射蜡到模板中形成的。蜡模型从模板中取出后，用表面不发生反应的涂层包裹，铸造时，要求涂层在陶瓷壳和熔融金属间发生反应的趋势最小。在使用表面涂层后，蜡模型反复地滴入陶瓷容器中，液滴滴尽后，形成一个外壳，它成为熔融钛合金注入铸造时的容器，与图 4-2 类似的图 4-4 为铸造框架壳的例子。保持壳的均匀壁厚十分重要，它有利于保证在凝固过程中的机械强度和热传输。采用自控仪控制形壳，有利于均匀壳的形成，一旦壳达到一定厚度，满足所需的机械强度后，将其放入一个低温炉中通过熔化去除蜡，然后，壳在较高的温度下烧制以改善其强度。所有未干的（未烧制的）和已烧制的壳都相当脆，自控仪的使用改善了壳的坚固性，减少了在铸造过程中由于人工操作带来的壳损失。熔模铸件需有一些内部通道，它们可以在壳中插入"型心"来实现，以便在铸造时，使其得到支撑而避免任何移动，这些"型心"在铸造后通过化学溶解或者浸出除去，因此，从铸件表面到芯部，需要有通道，以便于化学物的加入和反应溶液的流出。熔融钛合金在真空下注入壳中，壳以可控的方式冷却，可最大限度地避免缩孔的形成。钛合金的真空铸造炉简图如图 4-5 所示。钛的反应活性要求其使用非反应熔炼技术，这些技术可能包括非自耗电极、自耗电极 VAR 和冷床，以及分离式坩埚感应熔炼技术。与前述的冷床熔炼相比，这些方法仅具有达到熔融钛有限过热度的能力，例如对超级合金的真空感应熔炼。

图 4-2 飞机发动机的熔模铸造机架
（由 GE 飞机发动机公司提供）

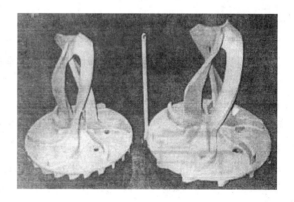

图 4-3 商业二级纯钛（CP 钛）捣固石墨铸件
（由 J. A. Hall 提供）

对于如何设计熔融金属进入壳的注入口，有许多来自实践经验的技术诀窍，注入口的位置必须确保在快速凝固前，壳的空腔被填满，上升管的使用为熔融金属的充填起到了辅助作用。实际上，由于熔融金属的较低过热度，对钛的铸造是很重要的，这些注入口和上升管被撤出和循环使用，可极大地节约成本，使得冷床和分离式坩埚感应炉在熔炼钛方面的使用增加，正如名字所暗指的，这种炉子在坩埚中并不能连续地产生感应电流，它只是在加热和熔炼过程中产生，在其他应用中，它对返回钛料的重熔和直接回收十分有效。传热和流体流动模型被用于辅助确定注入口和上升管的位置，但目前，直觉经验仍不可替代，铸件与铸件之间空腔填充状况的重现性仍是个难题。幸运的是，空腔填充不完全的区域，通常可以通过熔断焊接补充材料来修复，由于焊接修复必须手工完成，并且为了焊接需清整铸件表面，所以它是一种劳动密集型的手段，事实上，在复杂结构铸件产品的成本中，焊接修复的成本是很大的成本支出项。

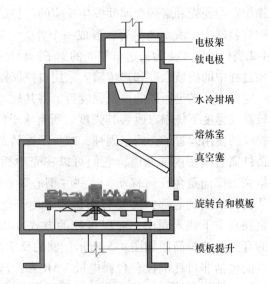

电极架
钛电极
水冷坩埚
熔炼室
真空塞
旋转台和模板
模板提升

图 4-4　正准备置于铸造炉的大型结构熔模铸件壳　　　图 4-5　用于制造钛铸件的真空铸造炉简图
　　　　（由 N. E. Paton，Hovi-met 提供）　　　　　　　　　　（由 N. E. Paton，Howmet 提供）

　　熔模铸造钛零部件对近净成型具有很大的优势，铸件在热等静压、化学抛光、焊接修复后，如果需要，再进行热处理以消除应力，此时，对终产品进行简单的化学抛光处理后，就可以准备投入使用。热等静压后的化学抛光是为了消除铸模和熔融钛合金之间存在的可能发生的任何反应，而热等静压处理是为了阻止内部收缩。钛铸造时采用热等静压（HIP）工艺，使其疲劳特性得到双重改善，这也是在对疲劳有要求的领域铸件使用量不断增加的主要原因之一，更多复杂的如图 4-2 所示的铸件，包括了由于缩孔而产生的相关表面缺陷、热裂缝或者并不能通过热等静压消除的不完全充填缺陷，在这些情况下，通常在热等静压（HIP）工序后，采用焊接修复来消除这些粗糙面。尽管高价值铸件的焊接零部件修复，允许使用碎屑替代，但焊接修复的成本仍然是很高的，焊接修复通常采用钨惰性气体（TIG）焊接工艺，根据铸件缺陷的尺寸，采用不同的焊接金属填充线来修复缺陷。所有高性能的合金，包括用 Ti-6Al-4V 来生产焊接线是很昂贵的，一些合金，如片材、窄带可以被切割后用作填充物，但如上面所提到的，焊接修复也是劳动密集型工艺，两个因素极大地增加了结构铸件的成本，因此，改进铸造工艺将可以减少钛铸件的成本，并且增加市场份额。

　　目前正在积极发展和改进的铸造方法是钛的永久模铸造，永久模铸造现已被用于铸造低熔点材料，如 Al 和 Mg 以及较低活性的高熔点材料，如钢。使用钛铸造永久铸模的挑战性在于当获得适宜的过热度来满足很好的充填性时，要使熔融金属与铸模间的相互作用最小。目前，采用钛铸造永久铸模能生产铸件的最大极限尺寸约为200mm。

4.2 粉 末 冶 金

粉末冶金（PM）法已用于制造许多金属和合金的净成型零部件。传统的低成本、净成型粉末冶金法用于制造零部件时需压制和烧结，该法用于生产钢和铜基合金零部件时，其产品范围较广；相反，对于钛的粉末冶金零部件（PM零部件），由于粉末的成本，限制了其潜在的应用范围，这是因为钛的内在活性，如果不采用昂贵的设备来防止雾化污染的话，就不可能生产出气体雾化粉和进行烧结。目前，类似于Fe、Ni和Cu基合金的雾化工艺还不能大规模地直接用于熔融钛的气体雾化，几家机构已开发出小型的、试验室规模的雾化装置，并已成功地应用于钛合金的雾化，这些装置单条生产线生产粉末数量的能力一般小于100kg，这些气体雾化粉看起来像用气体雾化工艺生产出的Ni和Fe合金粉，即粉末颗粒相对较小，通常为球形，同时存在较小的球形第二相，称为伴生相，这些伴生相在雾化过程中依附在较大的粉末粒子上，气体雾化Ti-6Al-4V粉末的例子如图4-6（a）所示。

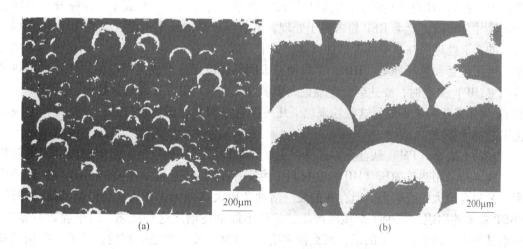

图4-6 不同工艺制备的球状预合金钛粉

（a）通过气体雾化工艺制备；（b）通过旋转电极工艺制备（SEM）

制备预合金钛粉最普遍的工艺是旋转电极工艺（REP）。在该工序中，钛棒在惰性气体保护腔内以18000r/min的速度旋转，简图如图4-7所示。热源（可由电弧或者等离子枪提供）熔化旋转钛棒的顶部表面，当热源为电弧时，制得的粉末称为REP粉；当热源为等离子枪时，制得的粉末称为PREP粉。钛棒顶部表面熔化的钛合金，由于离心力的作用，与旋转电极分离并向外飞溅，在表面张力的作用下，形成球形液滴并在飞溅中凝固，以该方式形成的凝固球状预合金粉，其颗粒尺寸的大小取决于电极的旋转速度，一般在18000p/min转速下，粉末颗粒的平均直径在300~500μm之间，图4-6（b）所示的正是这些球形粉末颗粒，与图4-6（a）气体雾化工艺生产的粉末相比，这些球状粉末中没有通常在气态雾化球形粉中常见的伴生相，REP粉末也比气体雾化粉末具有更大的平均尺寸。

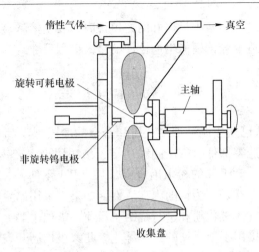

图 4-7　用于制造离心雾化钛粉的 REP 设备简图
（由 F. H. Froes 提供）

　　对于 REP 粉末，在雾化过程中，一些钨电极可能会被侵蚀，作为反应活性杂质混入粉末中，PREP 粉末消除了钨杂质的来源，但等离子枪会产生许多非常细小的颗粒（几乎像烟雾一样），在粉末凝固前，它们必须被过滤掉，这增加了一些成本。在筛分获得颗粒均匀尺寸分布前，此类 REP 粉末易于处理，可获得较高的压实密度（大约 70%），但是，所有的粉末处理需在真空或者惰性气体保护下完成，以保证粉末的洁净，而这也会增加成本。可用包套和热等静压（HIP）手段使粉末固结，以保证形成高密度的块体。采用热等静压（HIP）工艺时，要达到合金理论密度的 99.99%，相对来说是容易的。因为，与 Ni 和 Fe 气体雾化粉末不同，这些粉末粒子几乎没有空洞并充满惰性气体，这是旋转电极雾化工艺的优势。

　　在粉末冶金（PM）钛合金零部件在更多领域被广泛接受以前，需要解决的问题是粉末的成本和采用热等静压（HIP）在材料中可能存在的缺陷。在高性能应用领域，近净成型工艺具有最大的吸引力，但存在的反应活性杂质大部分为钨杂质，会限制其疲劳特性；PREP 粉末的出现，减少了杂质的产生，但仍不能最终消除这些缺陷。对于静载荷零件，如果其售价更具有吸引力的话，那么粉末冶金（PM）钛合金是适宜的；对于一些相当复杂的几何尺寸，粉末冶金（PM）法也具有吸引力；对于粉末的成本问题并没有明显的解决方法，因此未来用预合金粉末生产粉末冶金（PM）钛部件似乎仍不能确定。

　　用元素混合粉末法来制备钛合金零部件也是可能的，而且该法在经济上更具吸引力，元素混合粉末冶金零部件的制备工艺如图 4-8 所示，从图中可以看出，将单一的细粒末合金化的钛粉与相应比例的合金化元素混合（一般单一细粒钛粉量控制合金元素数量），混合在双锥鼓式搅拌机中完成；混合物在一定的弹性模中进行冷等静压（CIP）处理，生成固体形状物，其致密度大于 80%；然后真空烧结，进行近净成型处理，此时致密度大于94%，但仍含有一些非表面连接空隙。这些烧结产品可以进行热等静压（HIP）处理。热等静压中如果不需真空罐的话，将会使该工序的成本更低。这是因为真空罐本身很贵，并且在热等静压工艺处理后还需将它移除，这也增加了成本。另外，烧结品也可以在封闭模具中挤压或锻造来生产其他形状的产品，如图 4-8 所示。

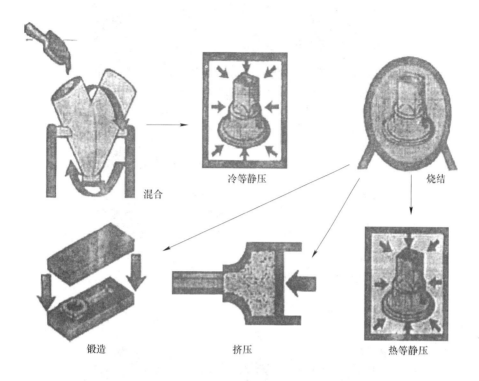

冷等静压 烧结

混合

锻造 挤压 热等静压

图 4-8 用混合元素粉末法制备钛粉末冶金（PM）零部件的流程

(由 S. Abkowitz, Dynamet Technologies, Inc. 提供)

未合金化的细粒钛颗粒要么直接来源于还原反应的最小颗粒（称为海绵钛微粒）或为海绵钛破碎后的细微颗粒。另一种情况就是使用的这些原材料与预合金化的 REP 或 PREP 粉末相比相对较便宜。一般而言，基本的钛颗粒有更高的氧含量，这限制了此种材料在允许较高氧含量领域的应用，图 4-9 所示为细粒海绵钛形态的实例。相对于克劳尔 (Kroll) 工艺，在亨特 (Hunter) 工艺中，海绵钛的细粒是 Na 在较低温度还原反应和钛饼在较低温度烧结下产生的，早在 1990 年，当还在用钠还原法生产海绵钛时，海绵钛细粒已经作为低成本的副产品已经出现并很充裕了。

元素混合粉末冶金（PM）零部件的质量取决于固态扩散达到均匀组分和微结构的状态，这表明原材料的尺寸起决定作用，但这并没有很大局限性。该工艺被用于制造静载荷下有限尺寸的零部件或有限寿命的航空零件和用于运动器件，试验性的自动化零件也可用该法生产和检测。在后者情况下，零件中包含了一个陶瓷第二相。该相的存在，有利于增加硬度和保持适宜的断裂抗力，此时，增加的陶瓷相一般为 TiC 或 TiB_2。元素混合工艺中，由于颗粒在工艺步骤中已与粉末充分混合，故该工艺非常适宜采用颗粒增强，图 4-10 所示的相片表示的是自动连接杆颗粒增强的实例，该零件先经冷等静压处理，然后烧结，再经锻造形成高致密的产品。

上述的简单讨论基本上涵盖了钛粉末生产和固结成型的主要方面，钛粉末冶金最有希望获得应用的领域是市场的稀缺领域，还有许多制造钛粉末和固结成型的方法正在被研究。

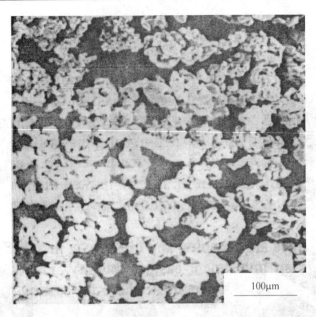

100μm

图4-9　用于制备元素混合钛粉末冶金（PM）零部件的海绵钛状微粒（SEM）
（由 S. Abkowitz，Dynamet Technologies，Inc 提供）

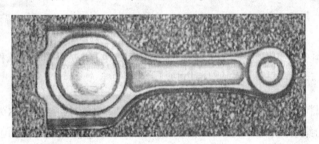

图4-10　由粉末冶金（PM）方法制造的颗粒增强钛连接杆
（由 S. Abkowitz，Dynamet Technologies，Inc 提供）

4.3　激 光 成 型

　　激光成型（也称为激光沉积）是一种制造钛部件相对较新的近净成型技术，该法利用聚焦的激光束在希望的位置熔化（沉积）钛粉末。通过放置由许多控制面制作的部件来控制沉积点，不断操作激光聚焦点在 X、Y、Z 坐标轴中的位置，使之与希望的钛粉熔化点相一致，这样就能形成一个三维形状。该工艺允许使用几何描述，包括使用目前在机械零部件设计中常规应用的数字化文件来直接形成近净成型钛零部件。与锻造相比，通常，激光沉积在制作复杂形状产品时有优势，它能更接近最终产品的尺寸，图 4-11、图 4-12 所示为这种零部件的一个例子。实际的比较表明，机加工因锻件重量多出的成本可用前面讨论过的钛粉的成本补偿，更具体地讲，由于钛粉在沉积过程中被熔化，所谓的沉积材料有一个完全的叠层微结构，而由于更高的冷却速率，一般在铸件中可看到更细粒的结构。在预测所缺的市场产品中，至少有限度地需要一些激光沉积零部件，几种大型机械已经被建成，图 4-13 所示即为其中的一个例子。

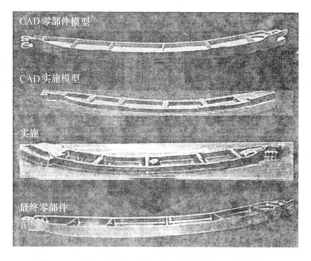

图 4-11 用于生产近净成型钛部件的顺序简图

图 4-12 沉积的 Ti-6Al-4V 部件

（由 F. Arcella, Aeromet Corp. 提供）

图 4-13 大型激光沉积设备照片

（由 F. Arcella, Aeromet Corp. 提供）

尽管这些机械复杂和昂贵，但它们的成本相对于锻压或熔模翻砂而言还是很低的，因此，在没有铸造或锻造能力的地区，制作新部件可以通过采用激光沉积设备来实现，当然，前提是要能提供可靠的、高质量纯净的钛粉或者预合金钛粉。目前，也有用含有合金元素的粉末（细粒海绵钛和主合金元素颗粒）进行试验的例子，但毕竟时间太短，仍无法判断该法的效果。

从长远观点看，未来钛激光沉积的前景还不太明朗，但现实是，至少在一些特定的市场，该技术还是被肯定的，这些市场生产周期短，同时生产的数量少，此时，直接按CAD 文件，而不用铸模、锻压机或铸造件来生产零部件就具有了竞争优势。

4.4 传统片材的成型

广义上讲，钛合金的成型被认为是困难的，部分原因是因为它们的高屈服应力和相对较低的弹性模量，将这些特性结合起来，就导致其在成型中载荷消除后大量的弹性应力被恢复，这种弹性应力被称为"弹回"。"弹回"会在成型工艺对达到所希望的最终外形或形状产生困难，这通常可通过一个二次热成型工艺来克服。该工艺中，已形成的片材被加到一个成型的铸模中，在适宜的温度和允许的"回复"条件下，通过一定时间的变形（蠕变成型）来达到所希望的形状，这必然要花费时间，因此，也必然增加最终零部件的成本。另外，如果所需零部件的体积很大，那么所需热成型铸模的次数增加，这也会增加成本。已有一个有效的标准公式，即利用无量纲的参数来反映钛片材的特点，该参数称为最小弯曲半径 T_R，其定义如下：

$$T_R = R/H$$

式中 H——片材板的厚度；

　　　　R——铸模的半径。

T_R 值越小，相应的可成型性越好，该参数的数值在合金之间是变化的，其范围可从商业纯钛（CP 钛）的 1.5 ~ 2 到 Ti-6Al-4V 的 4.5。片成型的 β 合金，如 Ti-15-3，其 T_R 值比 Ti-6Al-4V 更接近于商业纯钛（CP 钛），一般在 2 左右。升高温度能改善 Ti-6Al-4V 的成型，见图 4-14。

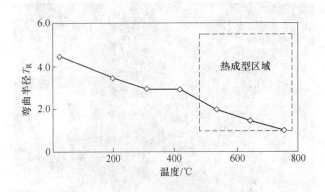

图 4-14   Ti-6Al-4V 片材成型指标与温度的关系

此处虽然明显地表示出了热成型的好处，但该工艺也增加了成本。增加的成本主要包括需要耐热铸模或器械和为加热这些铸模需要的热源及成型的时间。此外，在成型后，如果表面存在任何的 α 态或富氧态，必然需要对零件进行酸洗（化学清洗表面）。从经验来看，上述考虑会与钛片材的成型应用产生矛盾，如选择改变片材结构方式，但这也是很昂贵的，并且这种方式还需要增加一些连接件，在任何系统中都增加了零件的数量，从而导致成本的增加。目前，出现的第三种选择是钛片材的超塑成型，该法已被发明出来，其工艺将在下节中讨论。

4.5　超塑成型和扩散黏接

钛具有超塑成型和扩散黏接的能力，这两种特性已被单独使用或结合起来使用，用于制造钛元件。

钛合金（特别是 Ti-6Al-4V）传统片材成型的困难，使超塑成型在商业应用中获得了发展。在相当长的时间内，钛合金，如 Ti-6Al-4V，表现出的超塑行为是众所周知的。根据下面流变应力与应变速率灵敏度的关系式，超塑行为在运算上定义为应变速率灵敏度指数 m，为 0.5 或更高的数值。

$$\sigma = \sigma_0 (d\varepsilon/dt)^m$$

式中，σ_0 为极低应力速率时的临界流变应力，由于流变应力的应力速率灵敏度增加，材料成型的断面收缩或其他局部收缩的抵抗力就会增大。流变应力和应变速率灵敏度指数 m 的数值取决于材料的微结构、应力速率和温度。图 4-15 所示为在超塑成型的温度范围内流变应力与温度的关系。对于如 Ti-6Al-4V 的合金，m 的最大值约为 0.7，一般发生在温度大约为 875℃，应变速率为 $10^{-4} s^{-1}$ 或更小时。超塑成型后，对材料的微结构进行详细观察，没有位移密度增加的证据，这可以对这些合金在相应的温度和应力速率范围内，产生新的塑性流动机理进行假设。阿希拜（Ashby）和魏勒尔（Verrall）假设了一种机理，他们将超塑流动机理描述为"晶粒转换"扩散，因此，微结构的长度规格必须满足扩散经过这些距离所需的时间。在温度大约为 875℃，应变速率为 $10^{-4} s^{-1}$ 时，其长度大约为 20μm，这是在常规处理工艺（叠层轧制）后，合金片材产品的正常微结构尺寸规格，在该温度和应变速率下，应力是很低的，因此，超塑成型（SPF）可以在 0.2MPa 的气体压力下，使片材形成单个模槽。工艺过程中通常采用氩气保护，以避免钛片材表面的氧化，这可用图 4-16 简单概述。由于流变应力很低，故在超塑成型工艺完成后，不会产生反弹，即便应变速率很低和成型时间很长，超塑成型工艺（SPF）步骤也是很简单和成本低廉的，因此，很多机构能在管理成本范围内进行开发。图 4-17(a) 所示是采用超塑成型工艺（SPF）来制造有较深容积面的常规模具，图 4-17(b) 所示是使用该模具制作的实际部件。初期，超塑成型工艺（SPF）制作的部件成本被认为是很高的，但随着经验的增多，其成本已降低了。现在，最初生产超塑成型工艺（SPF）零部件的设备商（OEMs），如波音（Boeing）和空中客车（Airbus），能像他们购买锻件、铸件和其他零部件一样地采购超塑成型工艺生产的零部件了。

钛具有扩散黏接的能力是它的另一个内在特性，利用此特性可开发新的生产工艺。在真空或高纯惰性气体保护（即无氧化气氛）下，当加热到 550℃ 及以上温度时，钛具有熔解其自身表面氧化层的倾向。考虑到当把两种钛合金片材无间隙地完全接触放置在一起

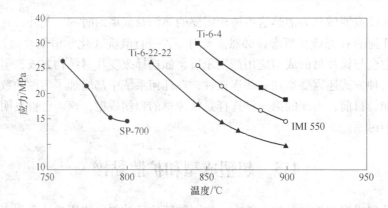

图 4-15   四种钛合金在应变速率为 $5 \times 10^{-4} s^{-1}$ 时应力与温度的变化关系

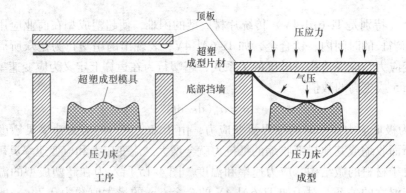

图 4-16   钛片材超塑成型简图
（由 RMI 提供）

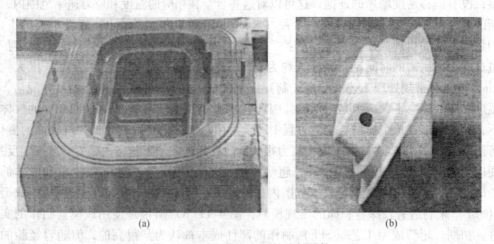

图 4-17   超塑成型的钛片材零件
（由 W. Beck 提供，来源于成型技术）
（a）单片模具；（b）成型的金属片材零件

时，施加适度压力后，它们能更高程度地接触。假如将这种"三明治层状结构"加热到大约 600℃ 或更高，那么片材表面的 TiO_2 就会熔解，露出纯钛接触面，结果是通过内部扩散，两个片材黏结在一起，其黏结的紧密程度，即便采用金相显微镜检测也不易察觉，这种连接方法称为扩散黏结（DB）。扩散黏结一般在（α + β）相区域的温度下完成，因此，该工艺在连接中并不会破坏片状的等轴微结构，这与熔焊或摩擦焊不同。图 4-18(a) 所示是 Ti-6Al-4V 扩散黏结连接的宏观结构图，从照片中可以看出，两个片材间没有黏结连接的痕迹。图 4-18(b) 所示为该区域的微结构，从图中也可看出没有黏结线的痕迹，这张显微图清晰地表明，在黏结区域仍保持了等轴（α + β）微结构，这对零件的性能很重要，其原因是 β 工艺的材料和 α + β 工艺的材料的性能不同。

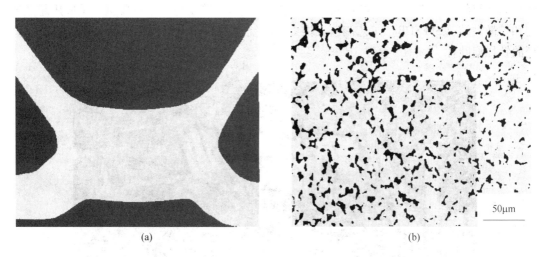

(a)   (b)

图 4-18　在超塑成型/扩散黏结（SPF/DB）零部件中两个片材的扩散黏结（DB）连接
（由 W. Beck 提供，来源于成型技术）
（a）低放大倍数下的完全黏结；（b）该区域高放大倍数下无痕迹连接

理论上，扩散黏结（DB）工艺可用于大型截面片材之间的连接，例如图 4-19 所示的大型军用飞机机翼箱的连接。但实际上，根据表面的平滑度和表面需完成黏结的实际区域，准备连接时，有必要相当精确地确认，以保证其高质量的黏结，此外还需进一步检测扩散黏结（DB）连接的情况，这种检测既耗时又面临技术的挑战，因此，该工艺的经济性变得很少有吸引力。图 4-19 所示的机翼箱部件辅助模型是扩散黏结（DB）工艺早期开发阶段制作的，当对其进行疲劳测试时，发现其循环使用寿命低于期望值。在评估报告的分析中，能找出采用扩散黏结（DB）连接时，有几处未黏结的区域，且这些缺陷是初始裂纹发生的区域，详细分析后得出的结论是：造成上述结果的原因，是黏结区域表面的平滑度不够，但却默认了其在整个连接表面是完全接触。要实现完全连接，其准备过程的花费是非常高的，并且其费用随部件尺寸的增大而增高。当考虑到此限制时，采用扩散黏结（DB）工艺制造大型零部件的吸引力减小了，但未黏结区域的技术风险仍然存在，基于这种考虑，扩散黏结（DB）从未被采用来生产重型、大型截面的零部件。

相反，由于片材的初始材料是平滑的、其连接点已经过检测，故片材的扩散黏结可能有更大的吸引力。另外，将超塑成型（SPF）和扩散黏结（DB）结合起来形成联合工艺，可以制造具有整体坚固的复杂形状产品，这变得极具吸引力。具体而言，首先这种可能性是因为超塑成型（SPF）和扩散黏结（DB）所需的温度范围是一致的；其次，由于整个成型和黏结的截面是超塑性的，因而不必担心周边材料在大型截面上完全黏接。联合工艺已被成功地验证，而且一般称作超塑成型/扩散黏结（SPF/DB）。填塞层的使用使片材能选择一定的黏结区域，如果黏结是通过加压的方式来分离未黏结的片材（也称为选择性膨胀），那么，用三块片材就可制作出一个复杂的格状结构产品，简图如图 4-20 所示，这种膨胀法的优势就是它能提供测试黏结力的位置。格状结构有高的截面模量，在低重量、高硬度构造材料中，结构有效性好，图 4-21 所示的是超塑成型和扩散黏结（SPF/DB）工艺制造部件的例子，它是一个接合管，用于涡轮飞机发动机低压湍流状况下，对不同的清洁控制系统的冷空气分布，这种单一件可替代一簇黄铜管。另一个重要例子是应用超塑成型和扩散黏结（SPF/DB）工艺制造大推力、高绕速的涡轮飞机发动机的大型、宽翼、凹型的钛风扇叶片。

图 4-19　用扩散黏结（DB）方法制造的备用大型军用飞机的机翼箱
（由 R. G. Broadwell，Wyman Gordon 提供）

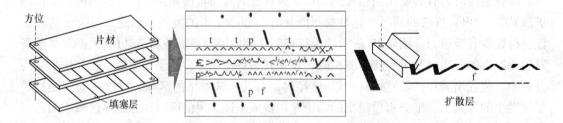

图 4-20　用超塑成型/扩散黏结（SPF/DB）工艺制作格状结构产品简图

在工程师的创造性设计下，超塑成型/扩散黏结（SPF/DB）工艺能够制造复杂的、高硬构造的轻质零部件，这些零部件，当包括扣件（如铆钉）时，由于其单一部件能够替代数以百计的零部件从而在经济上极具吸引力；此外，由于不使用扣件，也相应地消除了与扣件相关的集中应力，这也有效地改善了结构。另外，在故障保险结构里，超塑成型/扩散黏结（SPF/DB）零部件在结构集成分析中，其连续的裂缝线将被记录，幸运的是，超塑成型/扩散黏结（SPF/DB）的替补结构很少是临界荷载支撑结构，这最大限度地减少了应用超塑成型/扩散黏结（SPF/DB）零部件可能的安全寿命设计。目前，人们正逐渐接受超塑成型/扩散黏结（SPF/DB），但用该法制造的部件仍然被认为是昂贵的，有利于其应用的领域还是成本的竞争。对一类超塑成型/扩散黏结（SPF/DB）部件的成本分析表明，其主要的成本要素是 Ti-6Al-4V 片材的价格和长时间在 900～950℃下使用的工具消耗，因此，使用较低成本的合金制造片材以及能在较低温度下成型是减少超塑成型/扩散黏结（SPF/DB）零部件成本的潜在因素，这也增加了该成型方法使用的机会。

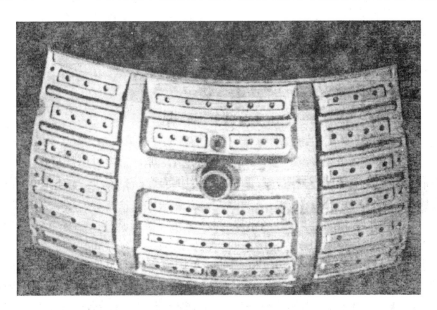

图 4-21　超塑成型和扩散黏结（SPF/DB）制造的接合管
（由 GE 飞机发动机公司提供）

日本的 NKK（Nippon Kokan）公司开发了一种合金片材，专门用于超塑成型/扩散黏结（SPF/DB）工艺。这种被称为 SP-700 的合金更容易制作成片材，在 775℃时有很高的 m 值，经超塑成型/扩散黏结（SPF/DB）加工后，该合金也可以经热处理得到很高的强度，因此，从结构有效性观点看，它是很有吸引力的。SP-700 在 775℃时与 Ti-6Al-4V 在 900℃时的超塑成型相比，前者有更低的含氧量，在成型工艺中，也减少了热成型后的酸洗成本。目前，SP-700 在美国已得到许可正进行生产，由于其显见的低成本，用其替代 Ti-6Al-4V，用于超塑成型/扩散黏结（SPF/DB），正越来越被人们所接受。

5 钛与钛合金的常规连接方法

钛与钛合金最常用的连接方法是熔焊和摩擦焊，钛铜焊也在一定程度上使用，这是基于一些特殊的工艺，如果钛合金的熔焊长时间暴露在大气中，则操作时需要对熔池甚至固体钛进行保护。

5.1 熔 焊

通常认为钛合金是可焊接的，如果按照这个定义，那么熔焊可以焊得很坚固并且无裂缝。一般而言，当合金强度增加时，要制作焊接构件或产品更困难，这是因为焊接性能并不能与基体金属相匹配，还因为一些高强度合金含有共析合金元素，这些元素削弱了焊接的凝固性、完整性和焊接性。另外一个问题就是填充焊丝与基体金属成分匹配的有效性，钛合金的熔焊更多的是经常用于片材构件的连接，大型压力容器和其他重载荷构件因其尺寸的原因也通过焊接制作，例如，约 30 年前，美国海军针对苏联的 α 级（Alpha Class）钛壳体潜水艇，变得对潜艇的焊接压力壳体感兴趣了，在这期间，对大截面中等强度（屈服应力在 700～750MPa）高韧性合金的焊接进行了大量卓有成效的研究，这种努力终止于 20 世纪 80 年代初期，当时，已清楚地认识到，焊接钛壳体潜水艇的载压是不能达到要求的。目前，在制作化工和石油化学工业的容器时，主要的大型截面焊接都采用纯钛（CP 钛）材料完成，图 5-1 所示为此种大型容器的一个例子。

图 5-1 通过手工熔焊的用纯钛（CP 钛）制作大型压力容器的实例焊接处如箭头所示
（由 J. A. Hall 提供）

钛（或其他任何金属材料）的熔焊包括了基体金属的熔化和重新凝固，被熔化的焊接部分通常称为熔化区。熔焊凝固从熔化区边缘开始，固/液界面向焊缝中心线靠拢。由于在钛合金中杂质的浓度相当低，产生裂纹的原因是由于杂质的富集。在有色金属焊接中，这不是真正的问题，但是，如果基体金属中含有加入的一些共析合金元素，如铁或铬，则这些元素最后会从液态中析出凝结，这种液态溶质的富集，由于热应力的作用，能沿着焊缝中心线形成收缩孔隙或熔析裂纹，这些缺陷，能够避免也必须避免。这是因为，实际上它们影响了材料的性能，如疲劳寿命等。预热基体金属可以降低重新凝固的速率，这有助于减少或消除这种孔隙和裂缝。

邻近焊接熔化区域还有一个区域，该区域经历了以固态热循环改变其微观结构的过程，这一焊接区域称为热影响区域，该区域中的部分区域，热漂移已超过了 β 相的转变温度，从而熔化区和一些热影响区表现出了 β 相的转变微结构和特性，因此，α + β 工艺材料的焊接生成了一种微结构，造成力学行为的突变。由熔焊导致的微结构变化如图 5-2 所示。图中给出沿焊接中心线距离变化的一组温度函数，还示出了相对应的熔化温度和 β 相转变温度以及熔化区域（HZ）和热影响区域（HAZ）的位置。显然，熔化区域的边界处于固相线温度（T_s）的位置。要定义热影响区域的延伸位置是困难的，但在热影响区域里，β 相转变的位置是很好定义的。

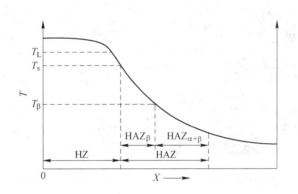

图 5-2　沿熔焊中心线距离的温度函数简图

图 5-3 所示为所有这些区域和基体金属组成的低倍照片，在此例子中可以看出，β 晶粒较大并且在熔化区域呈柱状。图 5-4 和图 5-5 所示为热影响区域不同位置的微结构较高倍相片。图 5-4 是热影响区域中超过 β 相转变温度位置的状况，在该区域中，所有的层状微结构与熔化区相同，但 β 晶粒尺寸更小。图 5-5 是热影响区域中未超过 β 相转变温度位置的状况，但此时的温度已上升到足以增加层状区域体积分数的状况，相应的基体金属的情况如图 5-6 所示，它是一种常规的未完全再结晶的热工作板材的轧机—退火微结构。对于小型截面材料，其冷却速度能达到足够高，以至于在 α + β 合金中产生了高强度的微结构或在 β 合金中导致了 β 结构的保留，通常在大约 700℃ 时可减小焊接应力，对于已完成表面制作零部件的应力消除，即便在真空热处理情况下，为了避免表面污染，其温度一般限制在大约 550℃。了解此种热处理对熔化区域和热影响区域的结构影响是很重要的，例如，应避免导致高强度、低延性结构的分解反应发生，这些情况在纯钛（CP 钛）和低强度钛合金，如 Ti-3Al-2.5V 中很少或不存在，这就是为什么这些等级的钛被认为可焊接，而较高强度的合金被认为焊接困难的重要原因。当合金的强度增加到最大值时，保留母体金属的特性，尤其是延展性，在热影响区域和熔化区域变得更困难了。

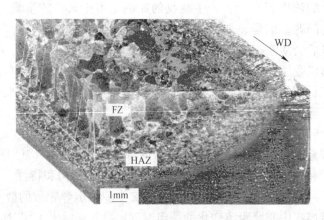

图 5-3　熔焊的低倍组成照片（LM）

图 5-4　高于 β 相转变温度的熔焊热影响区域（HAZ）的全片状微结构（LM）

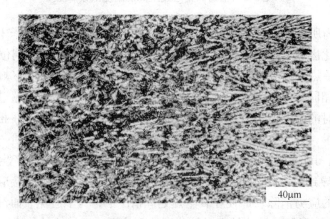

图 5-5　未超过 β 相转变温度的熔焊热影响区域（HAZ）的双—模型微结构（LM）

　　钛的熔焊有五种基本方法：气体钨弧焊（GTAW）、气体金属弧焊（GMAW）、电子束焊（EBW）、等离子弧焊（PAW）和激光焊接（LW）。对于大型的钛材截面，曾试图采用电渣焊接，但这仅仅取得有限的成功，并且至少在西方世界从未用于商业性的应用。

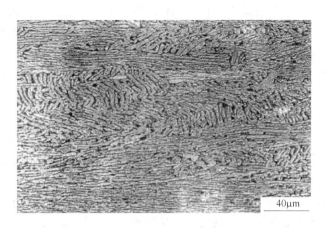

图 5-6 基体材料轧制—退火微结构 (LM)

这些方法中，每一种方法在特殊的应用领域都有其优势。

气体钨弧焊（GTAW），也称为钨惰性气体（TIG）焊接，该法可能是用于钛及钛合金最常用的焊接方法，部分原因是因为在化学和石油化工工业，主要的焊接结构是与其大型零部件和设备的制作紧密相连的。在这些应用中，还包括了许多相对较小截面的焊接，此时气体钨弧焊法是相当适宜的。对钛及钛合金的任何一种焊接方法，都需要对熔融焊液进行保护，避免其与大气接触。主要的污染物是来自大气中的氧、氮和来自潮湿空气中的氢。在气态钨弧焊中，惰性气体分布于焊枪周围，避免了熔融金属的污染。在焊枪掠过，冷却时，高速的自动焊接也需要后续的气体保护，以便于使热态焊接最小化地暴露在空气中。在整个焊层中，对内部工作面（称为焊道）的气体保护也是需要的，这主要是为了防止工作面底部表面热态焊接时的污染。焊道保护经常采用惰性气体，惰性气体从用于保证工作面性能的焊接织构孔洞中流过。为避免焊接污染，焊接钛合金比焊接其他许多结构合金更需要采取预防措施，更为复杂和昂贵。对于重复焊接操作，制作一个含有惰性气体并在其中完成焊接的焊腔往往更容易，这方面的一个例子就是在钛熔炼车间用于焊接初次熔炼电极的干燥箱，这大概可以看成是生产焊接纯钛（CP 钛）管了。冷却时，管道里充满了流动的氩气，氩气将焊管、焊枪以及焊管延伸的区域完全覆盖，焊枪是固定的，条带在管中形成，当焊管在焊枪下沿着充满气体的管道方向移动时，连接点被熔化。目前，制造焊接钛管的工艺，自动化程度已经很高了。纯钛（CP 钛）带被展开，根据磨具大小，制成一系列卷取的圆筒卷，这种圆筒卷被焊接在已完成焊接的焊管的另一末端，焊管生产完成后，它被从长度方向切断准备装运或安装。气态钨弧焊在许多领域还有少量的日常应用，包括焊接手操作焊枪围绕固定工件的手工焊接，在一些情况下，工件是轴对称的，当焊接手采用焊枪焊接时，工件可以旋转。

由于钛合金的高强度和有限的延展性，使大多数钛合金不容易采用焊线，因此，完全焊线的钛合金生产，是最昂贵而又最不值得的，根本不可能使用。从 1 级和 2 级纯钛（CP 钛）以及合金 Ti-3Al-2.5V 用完全焊线来生产，相对而言是直接的，Ti-6Al-4V 可用，但很昂贵。从其他合金用完全焊线生产，其可行性是非常有限的。对于焊接其他合金的一种解决方法就是使用相匹配的焊接物并建立焊接点截面，以弥补在焊接处的较低屈服强度。另一种解决方法就是充分考虑焊接点的精确度，不需要焊接物，而是将基体金属相匹配的表面熔焊结合在一起。不使用填充金属的焊接称为自生焊接。自生焊接在采用自动化焊接工艺生产初始零部件中更普遍，而采用填充金属的焊接在下列两种新零部件的手工焊接中更普遍，即制作结构铸件或修复结构铸件的铸造缺陷，现存物件的修复和保养。在任何一种情况下，都能广泛使用钛的气体钨弧焊，并具有很高的可靠性，提供的工艺被认为充分考虑了材料性能的变化并且在避免焊接污染方面有可行的措施。

钛及其合金的气体金属弧焊（GMAW）使用了一种特殊焊枪，充填焊线是电焊条，它替代了气体钨弧焊接工艺中的钨焊头（钨梢），该工艺也可称为金属惰性气体（MIG）焊接。实际上，气体金属弧焊很适于焊缝较大、通常截面较厚的自动焊接，这经常发生在大型构件中，此时接头的连接更困难。前述所描述的气体钨弧焊，为了避免焊接污染所采取的预防措施对气体金属弧焊也是适合的，从原理上讲，气体金属弧焊对焊接点的精确度要求不高，对于填充焊线不太贵的合金，可能是一种经济有效的工艺。实际上，该工艺较气体钨弧焊更多地用于单一或较小焊缝的焊接。

电子束焊接（EWB）很适于钛合金的连接，部分原因是通常它在真空室里能传导，对焊接自然地提供了必要的保护。由于电子束是狭窄的，其能量密度非常高，因此电子束焊接有其独特的能力，能在单通道中完成很深的穿透焊接，电子束焊接通常用于厚15cm钛厚板的焊接。由于光束较窄，故调整光束在连接点的能力变得极为关键；另一原因是连接点所熔化的直径更小。调整需在工件上以接触的工件固件或连接参照点以及基准点为基础精心操作。另一个措施就是安装使用"验证线"，以确保熔化区和接头位置相一致，因此，最初安装电子束焊接装置是极耗时和要求精确的，但一旦安装成功，就可以迅速进行高质量、深穿透的焊接。这意味着，如果大量的零件在一个炉子里焊接，安装费用就可降低，电子束焊接就更经济有效。电子束焊接通常是自熔焊接，它可略去充填焊线的成本，但增加了连接点准备的费用。由于焊接熔化区域很狭窄，熔化的量很小，并且聚焦的电子束产生了一个高速率的熔化区域到热影响区域，该因素使较早概述的凝固偏析降到最小，因此，电子束焊接用于连接高强和高温钛合金是一个很有前途的方法。例如，高温钛合金，如 Ti 6242 和 IMI 234 或两者的组合，都能采用电子束高质量地充分焊接。该工艺还可以用于飞机发动机转子在几个阶段的连接。电子束焊接曾经也被用于制作高性能难焊接的合金结构件，例如 Ti-6Al-6V-2Sn（Ti-662），此种合金在大致相同的特性下含有大约 1% 的（Cu + Fe）。F-14 军用飞机的中心机翼构件是用 Ti662 锻件由两部分组成的，其中心的机加工和焊接就是采用电子束焊接来完成的，作出制作这种部件的决定来源于相关锻件的尺寸和需要相对较小的方坯做坯料，然而如果采用较大尺寸的锭坯来生产，该合金有向非均匀微观结构（β 斑）发展的倾向。目前这种飞机仍然在飞行使用中，并没有收到关键焊接结构性能有焊接缺陷的报告。当然，电子束焊接能深穿透焊接是其优势，如果没有充填焊线，对焊接合金是很困难的，但电子束焊接要求在真空下进行，通常，真空室是一个限制。目前，使用滑动的密封装置来隔离电子枪，滑动密封装置"抛开了真空"，用其电子束焊接的零件证明该工艺是可能的。

钛合金的等离子弧焊（PAW）主要用来替代气体金属弧焊，因为该工艺能产生广阔的熔化区和热影响区，取代了传统的电弧，利用等离子枪作为热源。等离子弧焊，一般有比电弧焊和电子束焊更高的能量等级来作为热源，等离子弧焊接由于具有广阔的熔化区，对于需通过深穿透的焊接位置，即板材或片材在隐藏的直立肋呈 T 形截面的焊接，该法是极为有用的。宽阔的熔化区域使焊枪能在肋筋下作较大范围的调整，使该工艺更加实用。在图 4-19 所示机翼箱的最后成型生产中，其顶部盖板与肋条的连接就采用了等离子弧焊接，此种飞机已飞行许多年了，未出现与关键焊接结构件相关的任何问题。

激光焊接（LW）在许多方面与电子束焊接相类似，这是因为激光束也是狭窄的并有高能量密度。激光焊接可以在没有真空但采用惰性气体保护以避免焊接污染的条件下完成。到目前为止，由于高能激光的可用性相对来说是新的，因而几乎没有文献介绍激光焊接对大型构件的连接。激光焊接可以被看作是对电子束焊接的替代，但其穿透力仍需要同样的方式验证。从原理上讲，激光焊接拥有电子束焊接所没有的灵活性，因为激光焊接并不需要真空，激光焊接对钛合金的焊接很好，但并非对所有金属都好，例如铝合金，这是因为铝表面的反射性妨碍了激光束与工件的匹配。对于小型零部件的焊接，其有限的供热是必要的，采用激光焊接表明情况很好，例如，激光焊接用于心脏起搏器的纯钛（CP钛）盒焊接和电极连接器焊接，要求完成的是一种高质量的焊接，不能有任何加热内部电子模块的可能性出现，这种连接工艺不可能用传统的热源方式，如气体钨弧焊枪来完成，此时，采用激光焊接比采用电子束焊接更好，因为激光焊接不存在电离场，不会损坏纯钛（CP钛）盒里的电子元件。

5.2 摩 擦 焊

为了获得具有 α + β 相（等轴）或 β 相（层状）微结构非常紧固连接的材料，实际上广泛应用了钛合金的摩擦焊。摩擦焊有三种方法，目前有两种用于生产，一种在开发中。对于轴对称形状的产品，旋转惯性焊接是最常用的方法，在旋转惯性焊接中，其中一个工件被静置固定，而其他工件被放置在旋转夹具上，夹具与预先确定重量的飞轮连接，之后装配好的飞轮旋转到预先确定的旋转速度，工件往前移动与相匹配的另一半咬合，它们被预先确定的轴向力推到一起，通过摩擦加热连接区域，并且从原先两个工件接触面处排开了其他的工件，从连接点排开其他材料的过程是获得洁净连接的关键。惯性焊接工艺的模型已经建立，采用模拟几何模型计算的结果和惯性焊接后部件的实际情况明显一致，模拟结果如图 5-7 所示，此时部件实际焊接的截面如图 5-8 所示，这种明显的一致性使模型对惯性焊接的工艺参数更规范，在将这些焊接参数用于生产具有重现性特性的焊件时能适应得更快。目前，大型汽轮机的多级压缩机转子正用惯性焊接。常规生产时，这些转子的重量比机械紧固的转子重量轻，且有更好的寿命特征，因为它们不包括用于连接调整阶段的螺孔。图 5-9 所示的是已准备好采用惯性焊接的一个转子的实例，图 5-10 是焊接和机加工后同一转子的情况。

摩擦焊接的另外一种方式是线性摩擦焊接，它在制作非对称几何形状部件时很有用。该法是使一个部件在正常传递平面力作用下在直线上来回震荡，在惯性焊接下，这种振幅运动的耦合压力足以产生热量软化金属，使原材料表面产生火花，完成清洁、高紧固的连接。线性摩擦焊接在将飞机发动机转子的气垫片与中枢轮毂连接起来时是很有用的，这种转子被称为整体叶片转子，通过线性摩擦焊接制作的此类转子例子如图 5-11 所示，从图中可以看出，几个叶片已经被焊接到一定位置，而其他的两个叶片也是与中枢轮毂相连接

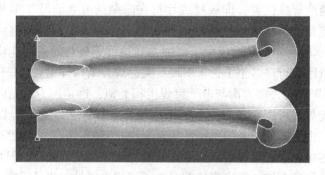

图 5-7   计算机模拟惯性焊接显示的闪光照片和裂纹延伸
（由 S. Srivatsa，GE 飞机发动机公司提供）

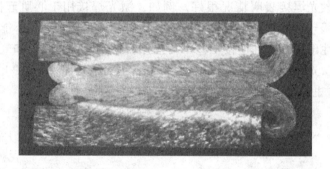

图 5-8   与图 5-7 对应比较的惯性焊接大型蚀刻截面照片
（由 GE 飞机发动机公司提供）

图 5-9   用惯性焊接生产飞机发动机多级压缩机转子前两工件的照片
（由 MTU 提供）

的，应用该技术的优势在于节约了制造近净成型部件的成本和改善了气垫片的特性。这是由于叶片在连接前能单独进行锻造和热处理。此种制造零部件的其他方法就是先制造带有封套并包含气垫片和中枢轮毂的大型锻件，然后再从锻件机加工成转子。很显然，这种方法将导致大部分锻件的损耗，这不仅意味着锻件的低利用率，而且将材料机加工到具有复杂几何形状最后零件的成本也是非常大的。

　　摩擦焊接工艺将塑料用于焊接区，部分原因是因为它们能发生高紧固的黏结，其作为

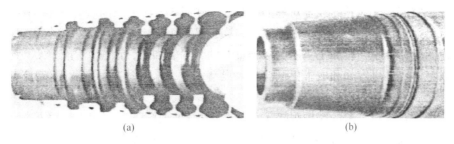

(a)　　　　　　　　　　　　　　　　　(b)

图 5-10　对图 5-9 所示两工件惯性焊接后的零件（a）及零件截面（b）
（显示出 7 个盘状阶段，由 MTU 提供）

图 5-11　通过线性摩擦焊接制造的飞机发动机转子整体叶片的
气垫片连接区域的近距离照片
（由 MTU 提供）

黏结材料经历了塑性变形延伸，这可用金相数据清楚地说明。Ti-6Al-4V 在双峰态和抛光退火条件下，通过线性摩擦焊接后的金相截面如图 5-12 所示。从图中显微照片可见，初生 α 晶粒的形变和微结构的细化是很明显的，与母体金属相比较，这一细化的微结构通常表现出较高的强度和更好的疲劳性能，但断裂韧性较低。

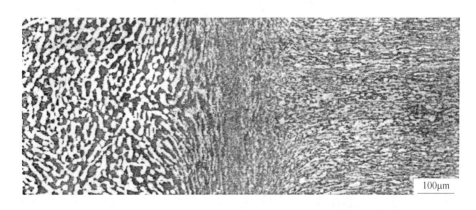

100μm

图 5-12　摩擦焊接截面金相图
（由 LM［97］提供）

　　无论摩擦焊接是线性的或轴对称的，图 5-7 和图 5-8 所显示的状态在零件使用前，都必须进行机加工，这是严格要求的工序，因为它是一个高应力区域。为避免意想不到的缺口或其他的应力集中，机加工工序是极为重要的，尽管如此，该操作仍然被认为比从锻件机加工成整体零件更容易和成本更低。如果没有例外，采用摩擦焊接工艺，无论在焊接抛光之前或之后，都必须进行应力消除。

　　第三种现在正在试验的摩擦焊接工艺是摩擦搅动焊接工艺（FSW）。摩擦搅动焊接工艺在铝合金方面已经发展许多年了，目前的情况表明，它是连接高强度铝合金片材（如牌号为 7475）这类不能采用熔焊的铝合金真正有希望的手段。摩擦搅动焊接工艺（FSW）使用一种非自动力的旋转轴或工具，轴向力均匀地施加于片材表面产生摩擦热，热量和旋转轴的搅动力使两片薄材黏结，这种黏结是金属间的紧固连接，并不熔化基体金属。用于摩擦搅动焊接的设备简图如图 5-13 所示。似乎高熔点和高强度钛合金对摩擦搅动焊接工艺的成功开发构成了更大的挑战。然而，该法的优点是显而易见的，世界上已有几个实验室针对该项目开展了很有意义的研究，其进展是很大的，当然正如许多新的工艺一样，此技术在未获得广泛接受之前，还有其他的一些问题，如可靠的检测方法等，仍需引起关注。

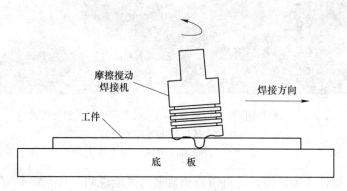

图 5-13　摩擦搅动焊接（FSW）设备简图
（由 M. Juhas，俄亥俄州立大学提供）

6 钛材的表面处理工艺

使用适宜的表面处理工艺，如喷射硬化工艺和化学抛光工艺，它们是单独还是联合使用，对钛及钛合金技术的成功起着关键作用。许多材料断裂的发生，最初都是由材料表面疲劳裂纹引起的。喷射硬化工艺已在钢铁上应用多年，该工艺的应用使钢铁材料表面产生压应力，从而提高了钢铁的抗疲劳强度，喷射硬化工艺在钛合金方面的应用虽不算最新，但与钢铁上的应用相比，已算较新的技术了。最近，利用激光使材料表面产生压应力的技术已显示出诸多优势，本书对该技术也将作详细描述。

化学抛光作为一种生产方法，是有选择性地去除钛零部件表面杂质的重要手段，同时也是去除材料表面污染物的重要手段，例如去除材料在生产过程中的氧化层。去除材料表面硬而脆的氧化层。可提高材料的抗疲劳强度和抗断裂强度。适宜地使用化学抛光工艺是经济和有效的，但使用不当可能会对材料的抗断裂性产生负面影响，化学表面抛光往往会出现喷射硬化产生或恢复材料的表面残余应力。

6.1 喷射硬化

钛部件或表面无应力的部件，抗疲劳失效的能力是相当低的，在循环 10^7 次时，失效的疲劳强度可以表示为屈服应力的分数，其典型值为 0.4 ~ 0.5。此外，在制造工艺中采用冷变形，如冷加工，可以使这个值降得更低，通过塑性变形可在材料表面区域产生压应力，进一步降低疲劳应力，这是喷射硬化的保护作用，图 6-1 所示的是在材料表面下的喷射硬化局部应力图。在设计过程中，应保证材料性能的完整性，也就是通过对样品的低应力磨削以及后续的纵向机械抛光，做出疲劳曲线［即应力修正的 S-N 曲线和古德曼（Goodman）图］，然后进行疲劳试验，以便获得与所谓"95-99"曲线确定的结构相适应的数据，该曲线以平均应力为函数，定义了给定应力值下的循环寿命，其准确度达 95%，99% 的数据在曲线上方，很显然，所做的是比较保守的曲线，但其对疲劳设计是合适的。疏忽引起的表面损坏（缺口、划痕，或滥用器械）可能会影响"保守"疲劳曲线的制定，并能造成疲劳破坏不可预见的风险。喷射硬化之后产生的有利因素要比弥补材料表面损坏大得多，因此，在疲劳产生的损害不是十分严重或者非常大的情况下，可以认为建立了一个防止材料疲劳的"安全网"。这与通常的观察是一致的，即在经喷射硬化的疲劳样品表皮下面具有裂纹引发点。这表明，由于喷射硬化产生的压应力降低了材料表面产生裂纹的敏感度，因此，喷射硬化技术在制造过程中可防止材料表面裂纹的连续产生。表皮下疲劳断裂产生点的照片如图 6-2 所示。

喷射硬化工艺对材料抗疲劳性能的优势取决于其交替应力和工作温度，其中任何一项操作参数的降低都会对这种优势产生不利影响。低应力幅度下（$N_p > 10^6$ 周期），在室温进行喷射硬化可以使其使用寿命延长 30% ~ 50%，这种优势在很高的应力条件下会逐渐

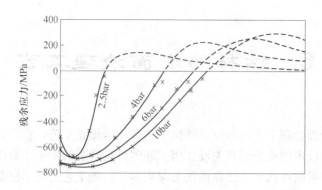

图 6-1　Ti-6Al-4V 在四种不同硬化压力下，喷射硬化四分钟后的残余应力

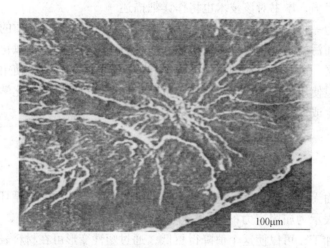

图 6-2　Ti-6Al-4V 喷射硬化后表面下初始位置疲劳损坏的扫描电镜图

减少，而且在 $N_p > 10^3$ 周期时，甚至会完全消失。温度和温控时间的影响不易准确量化，但是长时间在操作温度下，残余应力将会明显减弱，其时间取决于残余应力的衰减。对于大多数的钛合金来说，在 300℃ 以上时，这种应力衰减变得尤为明显，在这种情况下，规模效应也取决于时间，但是大多数的设计都仅取极限值。

外部参数将会影响喷射硬化效果，包括喷射硬化的类型、硬度和大小、喷射速度和喷射时间。对描述喷射硬化的实践和效果，有几个很好的总体参考值，早期的喷射硬化是采用表面喷射球状铁丸来完成的，但最近的总体趋势是使用切割后的棒状铁丸替代球形铁丸来完成喷射，这是由于球状铁丸喷射破裂后产生的尖角会对材料造成损害。残余压应力随喷射速度和喷射直径的增加而增加，然而，需要考虑的是，较深的压缩层可能会引起组件截面较大范围的变形，为了获得在这些截面上的良好喷射效果，可以通过变换喷射介质，如采用玻璃珠或者含有细小固体颗粒的水滴（蒸汽研磨）。此外，如果喷射硬化组件的尺寸和喷射介质的大小相一致，那么从简单的几何学考虑，应有适宜的均匀压缩层。其他的一些特性，例如，在自由面上转角点的孔洞，可通过较多的喷射来消除危害（过度硬化）。最新的发展趋势是增加自动喷射设备，以便改善喷射能力，有效控制喷射密度，

图 6-3 所示为喷射发动机组件和自动喷射装置的例子。如图 6-4 所示，该设备被放置在一个六轴的 CNC 自动喷射机器中。正如上面所提到的，也有一个被称为过度硬化的现象，这里所提到的如此高强度下硬化，会造成材料表面局部损伤，造成相应抗疲劳能力的锐减，最敏感影响硬化参数的是喷射的尺寸和速度。

图 6-3 喷射发动机组件和自动喷射装置
（由进步技术公司 J. Whelan 提供）

图 6-4 六轴 CNC 喷射硬化机器
（由进步技术公司 J. Whelan 提供）

　　材料对喷射硬化的反应随着其微结构和热处理条件的变化而改变，在低周期性疲劳测试中，一些钛合金表现出周期性软化或周期性硬化的特性，这同样取决于它们自身材料的微结构条件。例如，已有资料表明，500℃、24h 时效处理后的 Ti-6Al-4V 合金呈现周期性软化，并且改变了材料对喷射硬化的反应（图 6-5），又例如，时效处理引起的过度硬化效果更明显，图 6-5 清晰地表明了长时间的硬化对于材料的周期性软化疲劳寿命是不利的。图 6-6 给出了喷射硬化以及过度硬化对材料的有利影响。从图 6-6 中可清晰地看出，喷射硬化有利于改善钛合金的抗疲劳性能，但也清楚地表明，要合理地使用这项技术，以避免产生不必要的副作用，比如说过度硬化。硬化密度一般通过称为艾蒙（Almen）带的硬化金属样管测定，并且是测量由"带"一侧的残余应力所引起的弯曲或偏角，硬化程度通常根据所希望的艾蒙带的偏角确定。

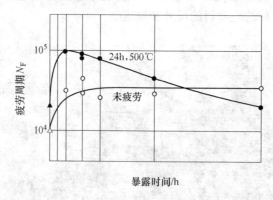

图 6-5　Ti-6Al-4V 实效前后的疲劳寿命与硬化时间的关系

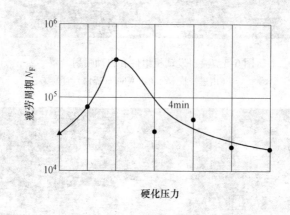

图 6-6　疲劳寿命和硬化压力的关系

通常，指定的硬化操作是确保该区域在多次硬化后要被覆盖，这样就可保证喷射硬化覆盖所有区域。例如，一类疲劳临界区域的覆盖率为 200% ~ 400%。由于已讨论过过度硬化带来的不利后果，为避免产生不良后果，必须选择适宜的密度（压力）。

6.2　激光冲击工艺

还有一些在材料表面引入压应力的替代办法，最近备受关注的方法之一是激光冲击工艺（LSP），更通常的是指类似于机械喷射硬化的激光喷射硬化工艺。该项技术是利用一种高能量的激光脉冲在材料表面产生一个局部应力，这种压力超过了屈服应力并且产生了一个残余压应力。

通常，一种钕玻璃激光（波长 1.06μm），其脉冲长度为 15 ~ 30ns，每个脉冲的能量能够达到 50J 或更高，典型激光冲击光斑的尺寸范围为 6 ~ 9mm，这取决于激光发射器的光学性能和其他激光硬化装置的参数。

激光可通过两耦合层耦合到工作组件上。两耦合层中，一个为透明层（通常为水），另一个为不透明层（通常为油漆）。实际的耦合机理描述如下：激光束蒸发掉不透明层，这层薄膜蒸气层吸收了大部分的激光能量，并且迅速升温形成了一个局部等离子区域，当对工件施加一个常规的力时，等离子体区域迅速扩大，不过这只限于金属表面的透明层，这种力可以高达100kBar，已经大大超过了金属的局部动态屈服应力，并且在金属表面产生了一个残余压应力，这和利用固体冲击金属表面使之产生应力的过程很相似（比如喷射硬化）。图6-7所示为激光束和工件之间的相互作用关系，通过激光脉冲产生的残余压应力层会渗入到金属内部，但相对于喷射硬化工艺来说，具有一个较低的最大压应力水平。图6-8所示是喷射硬化和激光冲击工艺的残余压应力的变化对比。激光冲击使金属表面产生了一个较浅且轻度弯曲的压痕，但是这种激光冲击对表面光洁度的影响程度没有喷射硬化的影响程度大，不透明（油漆）表面层在组件上的独特优势是激光可以完全覆盖并且容易检查。激光冲击处理对表面造成损伤的发生率相对于过度硬化是比较低的，同时，通过激光处理之后的表面粗糙度是最低的，因此，可以选择性地处理组件上的某一部位，这可以减少处理组件部位的时间和成本。但是，目前激光冲击处理的成本要比喷施硬化高得多，只有在回报高于附加支出时才利用激光冲击。现在，正在努力的方向是使用大功率的激光和增大光斑尺寸，以此来减少激光冲击一个工件所需的时间。这是可实现的。最近已经证实，利用激光冲击工艺对金属的疲劳性能能够获得明显的效果。

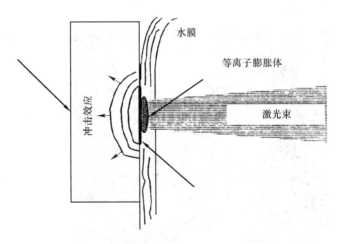

图6-7 激光束和工件耦合工艺示意图
（由 LSPT 公司供图）

和传统喷射硬化方式相比，激光冲击工艺的主要优势在于增加了压应力层的深度，其深度与应力的数量级大致相同，这一点将在下面的试验中得到证实。在钛合金样品上，加上一个较深的刻痕（比如锯痕），然后对这一刻痕的周边进行激光冲击处理，在随后的疲劳性能测试中，这个锯痕没有引发裂纹，样品表现出正常的（无刻痕的）疲劳寿命，而且疲劳失效的产生位置远离这个锯痕。未经过激光冲击工艺处理的对比样品的疲劳测试结果表明，几千个周期后就会在这个锯痕处引发裂纹。从实际情况看，这是一个重要的结论，因为它显示出了使用激光冲击工艺，可用来修理在使用过程中受到外来物体损坏（FOD）的钛合金风扇和机翼内空气压缩机的潜力。由于这种损坏一般发生在发动机的前端，而此处正是钛合金机翼部位，这有可能延长发动机的寿命，因此可节省一大笔开支。在军用发动机上，机翼和转子通常是一个整体部件，离心压缩机和涡轮风扇的叶轮都是这种结构，由于机翼是固定的，因此在这种情况下，对损坏机翼修理尤为重要，图 6-9 所示是用激光冲击工艺修复离心压缩机叶轮的示意图。

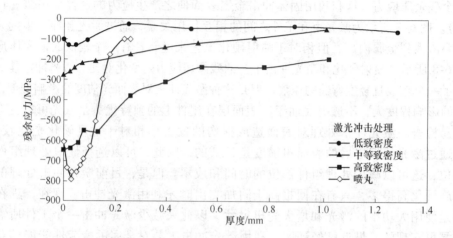

图 6-8　喷射硬化和激光冲击工艺对 Ti-6Al-4V 产生的残余压应力数据比较图

（由 SPT 公司供图）

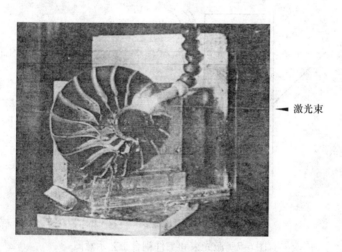

图 6-9　激光冲击工艺下的飞机发动机压缩机叶轮

（由 LSPT 公司供图）

6.3　化学铣削（蚀刻）

　　化学铣削是一种常见方法，它可以选择性地去除部件表面的杂质，以使部件达到较好的使用性能。用化学手段来去除材料被氧化污染的表面层，在此处理过程中一般采用相同的化学反应机理，这在钢铁行业中通常叫做酸洗。图 6-10 所示是飞机发动机压缩机外壳示意图。化学铣削处理的结果在外壳表面显示出来，处理后外壳将会保持低重量高强度。

利用掩蔽剂在圆形管上建立这一模式，通常由圆环来形成所期望的设计样式，封闭的汽缸进行化学铣浴，并且材料凸纹之间的"窗口"开始溶解直到达到涉及的深度，这样做的目的是产生一个整体硬化。但仅对重量轻的样品这种操作方式能够达到很好的工艺要求，并能避免掩蔽物和凸纹的撞击和刮痕。图 6-10 所示的是制造者对生产的钛合金组件，比如说外壳进行常规化学铣削的例子，尽管目前才开始进行常规的化学铣削，但这已是多年的经验总结了。

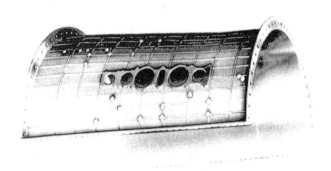

图 6-10　经化学铣削的 Ti-6Al-4V 压缩机机壳（上半部分）

（由 GE 飞机发动机公司供图）

化学铣削的使用方法是在水溶液中混合 HF 酸和 HNO_3 酸，酸的浓度和水浴的温度决定了去除杂质的速度。HF 酸能去除钛金属表面的氧化物，并使金属溶解；HNO_3 是一种氧化性酸，能清洁钛金属表面。在化学铣削中，要求能更好地控制金属的去除速率。金属的溶解是一个放热反应，因此水浴中，必须提供大量的冷却循环水并要连续使用。如果金属去除的速度太快，那么，在金属和水浴的交界面会发生汽化现象，产生的气泡会引起材料去除不均。如果不能控制 $HNO_3/HF \geqslant 5$，那么反应中将会释放大量的氢。该过程中，钛金属在水浴中会吸收氢，钛金属表面在化学铣过程中是不会被氧化的，如果在水浴中氢电势足够高，那么氢的吸入会变得容易，化学铣削反应将会耗尽 NHO_3。因此，水浴中的化学成分必须得到稳定的控制，并且酸的比例要不断调整。在处理过程中吸氢会对材料产生危害，必须极力加以避免。在合金 Ti-6Al-4V 中，氢的浓度如果超过了 100×10^{-6}，就会导致材料变脆，造成瞬时或延迟开裂。如果前面的生产操作使组件中留有残余应力或微结构及应力梯度，那么，就能观测到延迟开裂现象，比如在邻近的一个焊接点或刻痕附近。

延迟开裂缘于氢扩散到对应区域的时间，在该区域增加溶解度（高于 β 相的体积分数）或者降低化学势（静水张力）比如说在形成刻痕时，生成 TiH_2 的重要条件都已达到，由于 TiH_2 很脆，断裂即会开始，在生成 TiH_2 时，如形成开裂所需要的能量相对较低，开裂或断裂也能发生。在这些情况下，如化学铣削控制得不恰当，在化学铣削过程中，氢气的量将会增加。氢可以通过在 600℃ 或更高温度下和在 10^{-4} Torr 压力或更低的真空退火条件下除去，对于大型零件，会产生一些明显的问题，例如，真空炉的尺寸、性能、退火过程中的部件变形，但是，这种方法对于回收被氢污染的大型、高价值的零件是可行的，但更好地调整水浴温度和成分，使这些都变得不再必要。

6.4　电化学加工

电化学加工（ECM）是一种常用的技术，主要用于制造有复杂几何特性的零件，比如，该法经常被用来制造小型燃气涡轮机上的翼型钛合金转子叶片，制造这些零件的其他替代办法是用 5 轴数控机床，但费用更高。ECM 技术的应用能提供低成本、高质量的产品，此种方法利用一个设计好几何形状的薄板电极，这种电极材料通常使用黄铜。工件，通常是铸块，放置在电解质，比如盐水中，电极连接在可以移动的磁头上，在电极和工件两端通入直流电，在电解池中阴极电极就做好了。由于电极非常薄，会使工件发生局部分解。ECM 机械头驱动装置通常是靠自动装置来控制电极和工件之间的距离，从而在电极尖端产生高密度的电流，这能保证电化学反应的持续进行，这种工艺要求具有和电极相同形状的又深又窄的插槽，其几何精度要求较高，这样才能通过电极设计。当插槽到达了设计的深度时，停止供电，收回电极并重新定位制作下一个插槽，然后重复机械加工工艺。电化学加工是一种制造复杂几何形状产品的有效方法。例如，对于传统的机械工具来说，可能在没有足够的空隙进入时采用此方法，一体化的小型转子叶片就是一个很好的例子。ECM 的不足之处是在工具和工件之间有产生局部电弧的危险，从而产生局部损坏并积累重金属残余物，使处置成本变高。目前，自动控制工具和工件之间的距离已取得较大进步，这可最大限度地减小电弧损坏的危险性。

电化学工艺处理表面能起得很好的抛光效果，因为表面无应力，故没有任何可能产生由传统处理方法带来的机械损伤，如果关注疲劳则需要进行喷射硬化。

7 钛及钛合金的检测技术

7.1 微观组织及显微结构检测

钛合金在切割或制备时，易产生局部流动或污染，需要对钛及钛合金的微观组织、显微结构和加工过程中出现的择优取向进行检测，常用的检测方法包括光学显微镜、电子显微镜等。

7.1.1 光学显微镜

钛合金试样制备工艺中的抛光技术是准确观察微观组织和显微结构的基础，同样也应用于扫描电子显微镜和 X 射线衍射，因为制备无畸变表面的钛合金试样是这些研究方法的核心。

钛及钛合金抛光可以用机械抛光和电解抛光，最初的步骤是相同的，即采用普通的磨光纸先进行干的粗磨，然后进行中等程度的湿磨，最后用一般的 SiC 抛光纸进行湿细磨。

机械抛光通常分为两阶段，第一阶段是用金刚石研膏加煤油或氧化铝加水预磨，第二阶段是用细的金刚石研膏或氧化铝（直径 $0.05\mu m$）在水和稀释的 HF 中抛光。钛在抛光过程中会产生污迹，HF 可以除去金属表面上的这些污迹，在抛光过程中，需要戴橡皮手套来保护双手以免受 HF 的伤害。受污染的金属会使真实的微观结构模糊不清，应设法避免。

机械抛光的缺点是试样需要固定在热固性复合材料中，如酚醛塑料或有机玻璃或环氧树脂中。其优点是即便固定的试样是硬的或有黏性的，也可以得到边缘保持完好的完整试样，这样，即使试样截面存在多余的氧化物杂质，也可以进行金相观察和显微硬度测试。氧是一种空隙增强剂和 α 相稳定剂，因此，α + β 合金中的氧杂质会使表面附近的 α 相体积分数增加，在极端情况下，整个表面会完全变为 α 相，有时称为 α - 型。由于氧的增强作用，污染层的硬度也会稍高，此种情况下，沿垂直表面方向每 $5 \sim 10\mu m$ 测量显微硬度，可确定富集的程度。局部硬度随表面深度的增加而减小并在某些点逐渐接近心部（心部硬度），称为氧杂质的限度，这个限度可用于指导用化学腐蚀除去材料污迹。另一个常见的问题是在用机械抛光亚稳态 β 合金时会出现马氏体，小心地进行机械抛光或电化学抛光可以消除这种人为的影响。如图 7-1 所示，从该图中可以看出，适宜的制样显示出没有 β 相的转变（图 7-1(a)），图 7-1(b) 显示出如果不小心注意机械抛光将会诱导相变产物。

钛及钛合金很容易实现电解抛光，这也是一个有效的快速检测方法，电解液和抛光条件见表 7-1。电解抛光只需要简单的准备而不会产生任何的污染，电解抛光试样不像机械抛光试样那样平滑，不足的平滑性成为在高倍数光学显微镜检测下的缺点，但由于更多的高倍检测都用扫描电子显微镜，因而这个缺点也不再显得那么突出，事实上，扫描电子显微镜的景深在金相技术中是一个非常有利的条件。

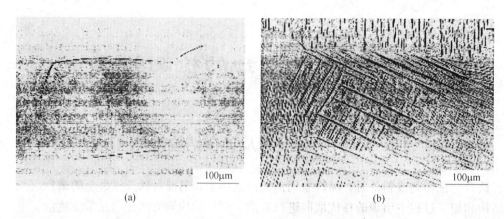

图 7-1　Ti-6246 机械抛光中人工操作影响的简图（LM）

（a）适宜机械抛光技术下试样未转变的 β 相；（b）机械抛光下形成的应力诱导马氏体

表 7-1　钛的电解抛光（电解液和抛光数据）

电解液成分	抛光条件	抛光电压/V	注　释
5% H_2SO_4，25% HF，平衡甲醇	通风室中室温下抛光（司特尔，标乐或其他）	25～30(DC)	推荐 LM 制备。抛光 30s
300mL 甲醇，175mL 丁烷，30mL 高氯酸（70%～72%）	用不锈钢阴极 −30℃ 冷抛光	12～20(DC)	推荐 TEM 制备。常规浴搅拌防止"泡沫痕迹"

　　抛光完成后，可以用克劳尔腐蚀或草酸染色腐蚀（表 7-2），后者与取向有关并可以帮助显示 α/α 晶界，这两种腐蚀剂都是广泛应用的，并且产生了良好的效果。克劳尔腐蚀通常需要擦洗表面而草酸腐蚀是直接将抛光面侵蚀在腐蚀液中观察，直到颜色变灰色为止。长时间的再腐蚀经常会用于这两种腐蚀，所以根据检测需要制定的短时间初次腐蚀时间可以帮助避免过腐蚀和后续的重抛光。克劳尔腐蚀溶液可以混入一些强酸，腐蚀液中含较高的 HF，这对 SEM 检测的深度腐蚀非常有用。

表 7-2　钛及钛合金的金属静力学腐蚀

项目	使用方法	腐蚀剂成分
克劳尔腐蚀	擦洗到表面有较少反射	95mL H_2O，3mL HNO_3，2mL HF 或 95mL H_2O，4mL HNO_3，1mL HF
草酸染色腐蚀	浸泡，在抛光表面出现"云斑"后除去	等体积的含水 10% 的草酸和 1% 水 HF 溶液

　　α 钛是六方结构，具有光学异向性，偏振光可以提供关于晶粒相对取向的有用定向信息，利用偏振光来测定结构角度（择优取向）是非常快速和准确的，用该法可以充实取向成像电子显微技术（OIM）。图 7-2 所示是用明场像和偏振光照射观测到的 Ti-6Al-4V 的例子，用偏振光观测，必须在抛光状态（未腐蚀）下进行，明场像观察需在腐蚀后观察，这两种显微图像的信息可以利用偏光法获得。

　　由于腐蚀速度的各向异性，诺马尔斯基（Nomarski）干涉显微也是有效的检测钛合金的方法。利用诺马尔斯基物镜检测可以对表面形貌进行重点显示,其图像是非常美观的。实际上,这些图像包含的信息并不比一般的明视场图像多,在美学上无可挑剔,但最重要的是它符合透视画法并且能保存信息,图7-3所示为一个诺马尔斯基干涉图的例子。

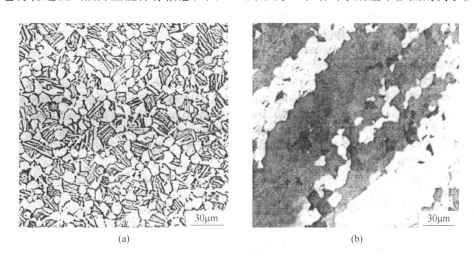

(a)   (b)

图7-2   Ti-6Al-4V 的微观织构 (LM)

(a) 明场像;(b) 偏振光

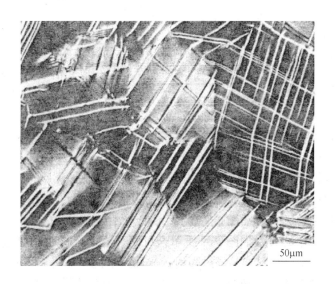

图7-3   变形 Ti-Mo 合金孪晶的诺马尔斯基干涉图 (LM)

7.1.2   电子显微镜

用透射电子显微镜(TEM)和扫描电子显微镜(SEM)等电子光学仪器检测钛及其合金可以获得一些信息,这些信息与光学显微镜和 XRD 衍射检测方法互为补充。

7.1.2.1   透射电子显微镜

通过金属薄片透射电子显微镜检测钛及其合金的能力滞后于对同类其他金属的检测,

如 Al 和 Cu 合金等，这主要是由于制备高质量的钛基薄片很困难，这在某种程度上与钛的活性有关，包括电解抛光和化学抛光过程中钛容易发生吸氢等。Blackburn 是最早利用电解抛光常规制备钛薄片样品的研究者之一，他利用窗口法并采用甲酸、丁酸和高氯酸电解液以及表 7-1 描述的抛光条件制备各种类型和组成的钛合金薄片，如果抛光过程是在低温下进行，就可减少样品中吸收的氢含量。目前，较受欢迎的薄片制备方法是采用专门为制备 TEM 样品设计的半自动喷射抛光机对直径为 3mm 的圆片进行喷射抛光，喷射抛光速度快，重现性好，能够减少制备样品引起变形的风险。

电解抛光最大的缺点是局部去除速率受局部电化学溶解电位的影响很大。在化学成分明显不同的两相合金中，会出现优先侵蚀一种组元的现象，这会导致薄片不均匀，或者在极个别情况下，薄片中只有一种组元。利用离子抛光制备薄片可以减少这种选择性的侵蚀，离子抛光还有不使氢介入样品的优点，实际上就是减少氢的含量。这是因为在适宜的局部离子束加热条件下，离子抛光使钛的新鲜表面只暴露在真空中。这种方法至少需几个小时来制备一个样品，但是它是最受欢迎的方法，其原因是它可以应用于一些特定的环境。本书将在后面描述其中的两种情况（界面相和自发松弛）。离子抛光是将在高压下（通常 10 ~ 20kV）加速的氩气离子束喷射到直径 3mm 的 TEM 圆盘上，在材料中，原子数等于或大于钛的物质被离子束轰击受破坏的程度是极小的，仔细观察钛基样品会发现一些离子作用的斑点，但这并不妨碍形成很好的图像，也不会对样品的微结构检测产生不利的影响。

不论使用什么物质除去方法，制备腐蚀薄片的原理是相同的，物质逐渐被除去直到样品穿孔，沿着穿孔边缘不规则状的物质很薄，电子容易穿过。在 TEM 样品中，实际检测的体积是很小的，但检测者有时忽略了检测时所用的是高放大倍数。透射电镜用于描述微观结构均匀分布的优点是无法超越的，对于微观结构分布不均匀，如大晶粒物质的晶界，在描述微小区域、关键部位的特征时，应准备多个薄片，这个过程非常耗时而乏味，更高的加速电压显微镜可以增加电子穿过样品薄片的数量，但如果关键区域的形貌不均匀分布，仍然会限制它的使用。

在早期的钛及钛合金的 TEM 研究中，通常会有几种金属薄片的人为信息，并且这些人为信息并不能总是被严格地识别出来。另外，前面提到的氢使微观结构变模糊的总体影响是第二个值得提到的影响因素。这是在 α + β 合金中界面相的信息以及 β 合金中 α 沉淀物的完全畸变。界面相的组织如图 7-4 所示，可明显看出，这种相是金属薄片的人为信息，这个结论已通过同种材料样品经过喷射抛光和离子抛光证明了。喷射抛光样品含有晶界相，而粒子抛光却没有，这种结果是可信的，因为它证明了界面相是氢相关的人为信息，在对 α + β 钛合金微观结构进行基本解释时，界面相就不会造成任何特别的混淆，然而，界面相的确会使 α/β 相本身变模糊，就像在离子抛光样品中看到的那样。如图 7-5 所示，在这些情况下，界面相作为研究对象，离子抛光是必要的，如果电解液温度在 − 20℃ 以上，就会造成在抛光过程中氢元素显著增加的风险，这将导致大量的块状物集结，造成 TiH$_2$ 沉淀析出，这些氢化物可能形成片状，造成干涉条纹反差置换，从而误认为是堆垛层错，图 7-6 所示是一个由氢化物造成的干涉条纹反差的例子。在显微镜下加热含这些形貌的样品至几百摄氏度，就会使与氢相关的相消失，氢的影响是为什么在这么小的温度范围会发生这些变化的唯一合理解释。在电解液温度较高的条件下抛光，也可在表面生成小而连续的氢化物，并产生应变反差。如图 7-7 所示，在加热过程中这些表层的氢化物也会消失，它与氢化物自身的形貌特征是一致的。

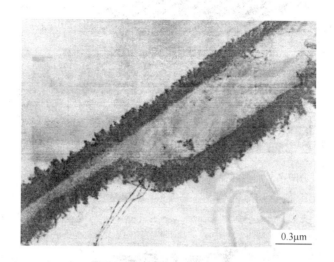

图 7-4　Ti-6Al-4V 样品电解抛光下的界面相（TEM）

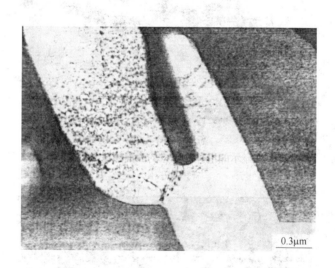

图 7-5　离子抛光样品没有界面相（TEM）
（由 DMRL 的 D. Banerjee 提供）

利用 TEM 检测钛合金的另一个特征是当束缚在钛合金的减薄过程被消除时，会有亚稳定相"自发松弛"现象的出现。有两个例子值得注意，第一是在薄片中斜方马氏体转变为面心立方结构，第二是在薄片薄区中亚稳态 β 相的自发切变，得到图像中的"类马氏体"形貌，它会被误认为是真实微观结构的一部分。如图 7-8 所示，包含了斜方马氏体或亚稳态 β 相的离子抛光样品不显示这两种金属薄片的人为信息，所指的"自发松弛"的产生是由于薄片样品的界面运动或产生界面导致的，而离子抛光的少量破坏可阻止这种现象的发生，这是离子抛光的另一个优点。

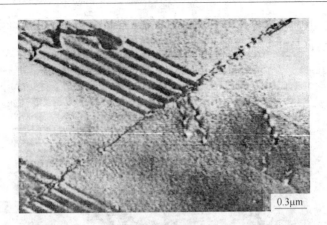

图 7-6　加热样品存在薄的氢化物中的边缘差别（TEM）

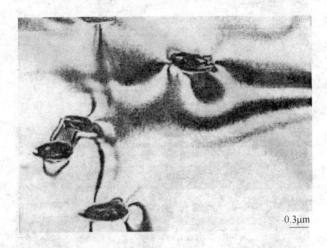

图 7-7　电解抛光显示的沿样品薄边的表面氢化物的应力对比（TEM）

图 7-8　Ti-6246 亚稳定状态 β 相中的"类马氏体"形貌（TEM）

7.1.2.2 扫描电子显微镜

钛合金的本征精确微观结构需要在相对高倍率下检测，加上钛合金机械抛光的困难，对样品的制备是一个很大的挑战。这些样品要有适合在高倍率下获得高清晰光亮显微照片的平整区域，因此，对于高倍率下金相的检测，SEM 已成为常用的方法。SEM 景深大、分辨率高，检测电解抛光样品容易，而且效果很好，图 7-9 所示为一个 SEM 的微观照片，它的细节层次是通过 LM 法很难达到的。另外，除了电解抛光样品外，克劳尔深度蚀刻样品（表 7-2）也可以很好地区分物质成分。

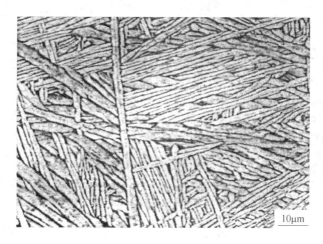

图 7-9 片状 α 相间溶解了小的片状 α 第二相和薄的
β 相"骨架"的 Ti-6Al-4V 结构簇（SEM）
（由俄亥俄州立大学 M. Juhas 提供）

SEM 极好的景深还促进了另外一种有趣技术的发展，即用于表征断面形貌和微观结构之间的关系。在这个技术中，一部分断面利用标准电镀定型剂保护，邻近断面则通过电解抛光直到其表面光滑，接着再次利用 95-3-2 版本的克劳尔刻蚀法进行腐蚀，再通过溶剂去除定型剂，清洁并干燥断面及其邻近的抛光表面，当样品放在扫描电镜下时，可直接观察到样品的微观结构和被保护断面的交叉区域。正是由于扫描电镜的景深，微观结构及断面才能同时呈现在扫描电镜的图像中，这项技术可以直接观察到微观结构对断口形貌的影响，其两个应用例子分别如图 7-10 和图 7-11 所示。该技术对于进一步理解钛合金断口形貌，包括其潜在的微观结构之间的关系非常有用。

背散射电子衍射能力的提高以及利用计算机实时自动检索系统的改进，产生了一种新的成像方法，即所谓的取向成像电子显微术（OIM）。这种成像方法收集个别微观结构成分的晶体取向，使用 SEM 的背散射电子衍射观察，生成描述晶体取向变化的图像，预先给定取向多面体表面相对于样品表面法线的方位角度，然后用取向多面体进行成像。例如，如果一个 α 晶粒的基极在电子束的 5°之内，属于这种晶粒的像素在图像中用一种颜色表示，方位角大于 5°小于 10°的晶粒用另外一种颜色表示，最终的图像是一个取向图，是对实际图像的补充，取向多面体如图 7-12 所示。通常情况下，这种多面体的每个面上有不同的颜色，但显示的不同灰度层次是对这一技术的合理说明。图 7-13 所示为利用这种成像技术形成的两种取向图。图 7-13(a) 中大片的连续灰色区域表明有微观织构存在，而图 7-13(b) 中随机分布的灰色阴影则表明几乎没有微观织构。如前所述，利用偏振光也可以在更短的时间内获得同样的信息，OIM 的利用应该视作是对偏振光分析法的定量补充。由于 OIM 设备的价格以及绘制 OIM 图的时间很短，偏振光分析被推荐为其他测试之前的一项有效检测。在立方晶系材料中，它们很少或没有光学的各向异性，OIM 在了解微观织构的局部取向时就很有用，例如，可确定那些不清晰的晶界是高角度晶界还是亚晶界。

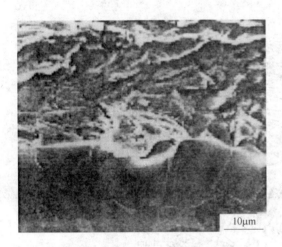

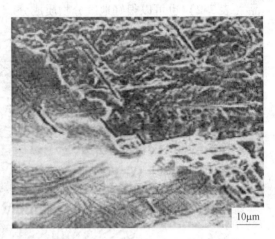

图 7-10　稳态腐蚀样品显示的断层形貌与
本质微观结构的关系（SEM）

图 7-11　稳态腐蚀疲劳断层表面显示的
次裂隙与片状 α 的关系（SEM）

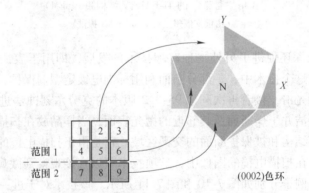

图 7-12　解释取向图像的取向多面体

7.1.3　X 射线衍射

　　X 射线衍射用于确定晶体材料的相结构及数量已有很长时间了，在结合 X 射线衍射研究时，钛与之相关的某一特性值得进行讨论。金属的 X 射线衍射研究最有用的波长是 Cu K_α，因为它可以合理地平衡透射峰与衍射峰的分辨率，但是，在使用 Cu K_α 辐射时产生的钛荧光会使采用这种辐射获得的衍射图增加背景的强度，增加的背景强度可以屏蔽低强峰，用两个办法可以去除样品荧光的作用，一个办法是使用单色衍射仪，这种仪器只允

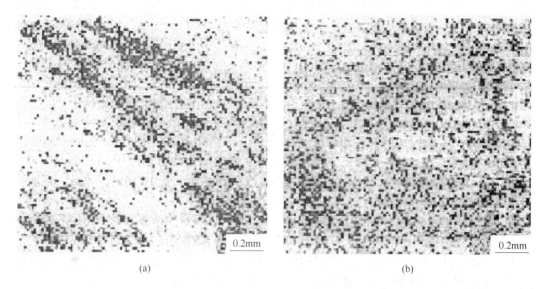

图 7-13　Ti-6Al-4V 的取向图像

（由 GE 飞机发动机公司 A. P. Woodfield 提供）

（a）强烈的微观织构；（b）不明显的微观织构

许 Cu K_α 衍射进入探测器，这种单色仪中最有效的单色仪晶体是应用热解石墨，这种方法非常好而且可以得到信噪比很大的高质量衍射图；另一个办法是应用一种能量散射探测器，这种仪器只接受 Cu K_α 辐射，选择一个分辨率大约为 125eV 的探测器就可以得到很好的结果。其他方面也是如此。这种衍射束单色仪相对简单且运行起来很好。由于 α 钛是六方结构，因而固体钛很少是各向同性的，因此，对于粉末衍射图形，衍射峰的相对强度很少与标准值相匹配。在极端情况下，反射会完全消失，使用与样品平面方向一致的样品盘摆放样品，这种方法通常可用于扁的轧制样品，如薄片和薄板，但不能用于锻造样品，因为锻造样品的弱织构也有不同的方位。这里应注意避免从固态样品中获得 X 射线衍射图形来给出详细的结论，因为这些结论受钛加工产品中经常出现的织构影响。

X 射线衍射也被用于确定"极图"，它是用来描述钛及钛合金产品自然属性和织构数量的。X 射线极图提供的信息是关于材料单位体积内择优取向的平均值，极图可以作为电子显微取向的辅助工具。织构对钛合金性能的影响既取决于织构的类型，包括角度或强度；又取决于特殊的合金。

X 射线衍射也用于确定钛合金加工过程中的残余应力，这种残余应力可以在一种部件中改变平均压力水平并影响合金的疲劳行为，它也可导致辅助应力迁移、氢浓度的变化和未曾预料的位置应力腐蚀裂纹的发生。

7.2　钛及钛合金的无损检测

钛合金在许多关键结构中的应用导致了各种检测方法的发展和应用，即检测材料内部的体积方法和检测表面异常的表面方法。从表 7-3 中可以看出，有大量的检测方法，并且这些方法都有很广泛的应用。例如现场零件的检测通常是在例行检修或者在特定情况下进行，在意外失效之后，需进行零件的整体检测。相对于表面缺陷来说，内部缺陷的损害要引起更大的关注，表面缺陷比较常见，也比较容易发现，所以表面缺陷引起突发性故障的可能性不大。

表 7-3　钛合金产品和组件的检测方法

方　法	应　用　范　围	表面或体积
超声波探测	锻造坯料，锻件，棒，轧卷，环、挤压件	体积
射线检测	铸件，焊接	体积
表面侵蚀	已完成的锻件	表面
涡流探伤	已完成的机械性能，现场零件	表面
染色探伤	已完成的零件，焊接，现场零件	表面
表面复型	已完成零件，现场零件	表面

持续不断地检测小的缺陷能够提高结构材料的可靠性，并能减少意外的失效，由于有能力设计高工作应力而不增加意外失效的风险，这些组件的结构效率也会提高。

7. 2. 1　超声波检测

钛及钛合金在应用时，超声波检测是一种最常用的检测方法。这种检测方法使用压电转换器将超声波引入材料，这些波通常为纵向传输，在特殊情况下是横波。转换器的特征操作频率一般为 5MHz，常由水或其他材料介质检测耦传感器。大多数工厂的检测是将检测的零件浸泡在水容器中，零件内部缺陷的检测是基于在其传播路径上超声波的反射，超声波传输在有不同声阻抗或声阻的某个区域会发生反射，在传感器发出声波期间，停止发送并等待检测的反射波。检测零件通常会在前后表面有反应，这些反射波的标志性长度有助于确定物理位置和其他的超声波反射路径，反射波会显示在示波镜上，或者在有数字信号的情况下，在电脑监视器上显示。

图 7-14 所示是一个位置的典型扫描示意图，通过在传感器下移动部件或在部件上移动传感器来检测整个体积范围。对于规则的图形，例如坯和棒，传感器通常是固定的；对于不规则图形，例如锻件，传感器在一个系统模式下固定地移动到指定部件上，这个模式被设计成能够确保完全覆盖被检测片，称为"扫描设计"。根据使用情况的临界程度，扫描线被记录下来或以数字形式储存，不同于转子等级的应用，如果观测到超声波指示，操作者应立即观察示波镜并且标记材料，这些区域是典型的需重新检测区域，同时抛弃和取代有缺陷的部位。

超声波探伤原理很简单，但在实际应用中，现代超声波探伤变得日益精密，因而也更复杂，在检测能力和获取信息能力等方面以及解释和理解检测过程中所观察到的迹象方面，一个现代超声波探伤仪仅与原始最简单的探伤仪存在很小的关系。目前自动化的计算机控制扫描仪器已经普遍化，数字图像

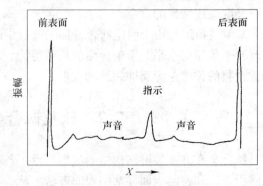

图 7-14　超声波扫描的振幅与距离的关系

和图像储存比以往更规范化，检测能力已经通过标准校准。这些标准已经通过含有小钻孔的钛块进行校验，其中钻孔的大小不同，从 0.4mm 的直径开始（1 号平底底孔的直径是 1/64 英寸），在尺寸上递增，校准块都经过检测以便能够检查到最小孔。有一项检测要求是利用购买者的原料或产品（锻造坯、锻件、棒或卷）作为工具，同时该检测能力必须是验证过的，标准同样用于评估测定检测过程中造成超声波指示不连续的相对大小，也可以指导随后对这些指示的根源和本质的分析。在用于燃气涡轮转子优质材料的检测时，每个超声波探伤痕迹必须被裁减，通过金相学和其他检测工具，如用局部化学成分进行分析的电子探针等方法进行分析。

这是一个耗时的过程，但通过对缺陷性质和根源附加信息的分析，可以不断地改善燃气涡轮转子材料的质量级别，这些信息在随后的改进过程中是非常有价值的；另外，许多工作已经延伸至超声波探伤指示的相关的来源、本质、位置、金相和尺寸的关系上。

在超声波标准中，孔洞大小和材料中超声波指示的根源没有一对一的相互关系，这就需要相当多的技巧和经验来解释超声波指示。在锻造坯阶段找到缺陷，使缺陷成为锻件一部分的几率降到最低，避免必须增加额外的工作去破碎锻件料是非常重要的。另外，无论锻坯表面加工还是大的截面尺寸，都会给超声波探伤带来特殊的难度，最大限度地检测到缺陷是必需的，但分析"误报"是一个昂贵的和破坏材料生产工序的过程，因此，必须有一个平衡，就是要同时能够确保所有可能的真实缺陷被检测到，同时反常的超声波指示也能被认知。

误报在大截面尺寸中是经常存在的，尤其是在坯中组织稍微粗大的地方，人们对于这些指示的起源仍然不完全理解。钛的弹性各向异性引起超声波阻抗局部改变，由于 α 钛的弹性常数在平行于 c 轴方向和垂直于 c 轴方向相差 30%，在垂直于 c 轴方向组分显微组织就可以导致超声波指示的产生。由于从 5MHz 传感器发出的纵向声波波长大约相当于几百微米，平均显微单元尺寸的粗化组织将会分散声波，导致产生伪超声波指示，这种情况的材料通常称为"有干扰的"，是指超声波探伤中可以观测到时常发生的低振幅反射。在极端情况下，这个干扰引起误报或使其灵敏度不能满足当前的测量要求，对于这种情形的最有效的办法是将坯材料加工成较细的组织，通过交替处理和重新加热。利用重结晶使组织细化已经获得成功，影响超声波检测的其他钛合金特性是声波的高度衰变，这是由于高亚稳态的 β 相造成的，这些亚稳态 β 相的衰退比其他金属大几个数量级。相对于 Ti-6Al-4V 和 Ti-6242，β 相更稳定的合金（如 Ti-17 和 Ti-6246）显示出更强的衰变，这将使其穿过厚截面发现缺陷并返回缺陷信号非常困难。实效材料已提高 β 的相稳定性可以使材料在"声波能力"上产生显著改善，因此，在材料生产过程中，超声波检测之前进行实效已成为一个普遍的现象，特别对于检测 β 相合金，例如 Ti-17 或 Ti-6246 等。

钛合金产品的超声波检测，随着截面尺寸的增加变得更加困难，在过去的十几年里，一个可以使大截面探伤也具备与小截面同样精确度的新的超声波探伤方法已经产生。这个方法利用一组传感器，每个传感器在圆坯整个体积内的柱面上聚焦在不同的深度范围。如图 7-15 所示，四个排列的传感器检测四个区域。实际上，每个传感器相对于整个截面来说检测相同的环形区域厚度，由于坯分成不同区域，此种方法称为多区域法。实际上，传感器集中安排在单一的区域，图 7-15 更清楚地显示出这种多区域检测方法。最后指出，多区域超声波检测可以检测出传统单一传感器检测方法不能检测到的缺陷。例如，图 7-16

是一个传统检测方法不能检测到的钛合金坯应力诱导而产生多孔的例子，图 7-17 是在坯中的"硬 α 相"（缺陷 I）同样的超声波图像，这也是一个用传统超声波探伤方法不能检测到的缺陷。多区域超声波检测法可以检测到比传统超声波检测更小的缺陷，这个技术允许可检测的间断的最小孔尺寸从 0.8mm 的标准减小到 0.4mm，这个变化在评定涡轮发动机的寿命上，对提高可靠性和精确度是非常有用的，在军事上和商用上都可以广泛应用。

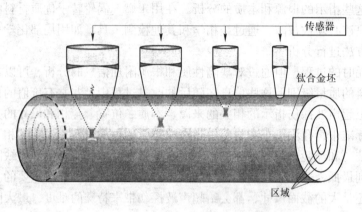

图 7-15　多区域超声波探伤方法
（由 GE 飞机发动机提供）

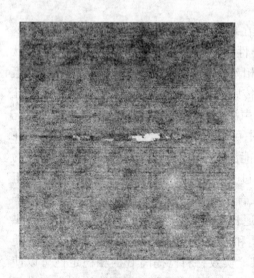

图 7-16　钛合金坯应力诱导多孔的
数字多区域扫描图
（由 GE 飞机发动机公司供图）

图 7-17　钛合金坯显示"硬 α 相"的
数字多区域扫描图
（由 GE 飞机发动机公司供图）

锻造模的运用和多区域检测坯的有效性，本质上导致了在对锻件超声波检测过程中可能检测不到缺陷，因此，这个检测会增加大量的成本而几乎没有益处。如果航空和航天工业采用"声波坯"，那么在锻造处理时可以进行一些重大的改进，其中最重要的可能是大量的近成型锻造处理，到目前为止，可察觉的风险和对责任的担忧，尤其是严重的故障可能引起的重大事件，阻止了飞机发动机采用这种"坯声波"处理。

很明显，这些是实现成本大幅度降低的主要原因和障碍，假设在对锻件进行超声波检测过程中始终没有缺陷，即在某些观点下，充足的数据允许零风险的去除，这个检测是可信的。

7.2.2 射线检测

射线照相技术是一种找到如空位、气孔和裂纹等内部缺陷时不连续的检验方法。射线照相技术在钛的 W 富集缺陷检测中非常有效。在早期的钛工业史上，射线照相技术广泛应用于无自耗电极熔炼。对锻件射线探伤的需求，在整个钛工业开始采用自耗电极熔炼后保持了许多年。射线照相技术对裂纹的检测效果强烈地受 X 射线源和裂纹的相对方位的影响，均匀的不连续的气孔和空位没有这种限制，射线照相技术通常应用于熔化焊接的检测。大多数焊缝的缺陷是由于凝固收缩或熔化裂纹产生的，许多焊件也都是小截面，例如薄片，局部质量的差异在薄截面上更大，这也增加了这种检测方法的检测能力。一般而言，射线探伤没有超声波探伤使用广泛，主要原因是大多数的检测是在大件型材上，而超声波探伤在大件型材上更为有效。今天，射线照相技术广泛用于焊缝检测，也常用于铸件的检测，因为铸件的缺陷大多数是收缩引起，因此利用射线照相技术更容易进行检测。射线照相技术是对不规则形状部件和薄截面铸件的理想检测方法，此时如应用超声波探伤检测则十分困难。

近些年来，断面 X 射线计算机照相技术同样变得重要，这归功于信号处理和数字文件可以直接地利用计算机辅助系统（CAD）进行修正。由于计算机计算的断面 X 射线照相仪器非常昂贵，因此只有大型企业才投资购买此仪器，这样就限制了 X 射线计算机照相技术的应用范围。

7.2.3 涡流探伤

涡流探伤是一种表面和近表面的探伤方法，这种检测方法利用高频率（10kHz ~ 2MHz）的电磁探针在靠近材料的表面产生涡流。在涡流检测中，有两个因素影响电阻的测量，即几何形状和固有电阻。对于检测钛产品，几何形状更重要。不连续地间断操作将会产生电流并且引起局部电阻抗的升高，电阻的升高可以很容易地被探针检测到。通过改变探针的频率，测试层的深度会使电流以频率的平方根倒数形式改变，在 CP 钛中，渗透层大约在 10kHz 时为 4500pm，在 1MHz 时降低为 450μm。对于钛合金部件的检测，涡流通常用于检测导致中断传导路径（裂纹、褶皱等）的几何不连续性，这与用涡流检测铝合金形成对比，在铝合金中用测试电阻变化来区分不同的热处理条件，这是因为钛合金的电阻随显微组织的改变是很小的，然而，最近研究显示，涡流方法可以检测大的 β 斑点和非正常加工产生的影响，这也许对于疲劳关键部件中深钻孔的检测是非常有用的。

在一些钛的应用中，例如在军用飞机发动机盘中，涡流探伤与超声波检测是互补的（一个用于部件的整体体积检测，而另一个则用于部件的表面检测）。这些发动机盘的寿命计算通常基于疲劳裂纹的扩展而不是疲劳裂纹的产生，因此，发动机盘的寿命在利用裂纹生长计算的方法时与初始间断尺寸有非常大的关系，较小的尺寸会有更长的使用寿命，所以能够检测出最小不连续尺寸的能力对于计算是非常有必要的。对于许多军用飞机发动机检测，时间间隔是依据发动机结构完全系统（ENSIP）而定的，精密涡流探伤已经应用于 ENSIP，涡流探伤对于其检测是非常理想的，可以重复检测到 $25 \sim 50\,\mu m$ 一样大小的范围。图 7-18 所示是一个旋转轮的图片。从该图片中可以清晰地看见楔形槽。由于槽的存在，很明显利用其他任何方法对槽进行检测效果都不好。涡流探伤也经常应用于发动机检测中的裂纹检测，这些都离不开传统的涡流电子探针的发展，通过使零件在失效之前被取代或继续使用，以保证零件的批量生产。

图 7-18　利用探针涡流探伤检测飞机发动机转子的楔形槽
（由 GE 飞机发动机公司供图）

　　总之，涡流探伤是在目前使用最灵敏的表面检测方法，它用于检测和其他部位不连续的局部特性，由于扫描整个表面非常耗时，因此成本很高，故涡流探伤通常不用于整个表面检测。

7.2.4　染色探伤

　　染色探伤是表面检测方法中最古老的，但它仍然被广泛地应用并且能够提供有用的信息。染色探伤是基于在表面染色，随后移除产生的连接不连续的吸附和选择性的保留方法，染色保持力产生的原因是由于毛细管的作用，因此，染色保持力随不连续的紧固而提高，如裂纹，即使借助放大镜，类似于这种不连续在视觉上也很难被发现。应用和除去染色后，对保留染料的检测，需要借助显影剂或者在紫外线光下观测。对于前者，染色剂以红色为主，显影剂以白色为主，通过显影剂局部变红来显示不连续的染色；对于后者的情况，染色包含的化学物质在紫外线下会发荧光，这种方法也称为荧光渗透检验法（FPI）。零件的检测通常在暗室里（通常用门帘遮挡），通过不连续处发出的荧光可以很容易进行检测。

　　染色探伤包括以下几个步骤：

（1）将部件浸没在染色液中。

（2）冲洗部件，使部件上多余的染色液重新流回液体中。

（3）用水或溶剂清洗部件并使其干燥。

（4）使用显影剂或在有紫外线的房间里进行检测。

（5）标记所有的信息以便于以后详细检测。

染色探伤在现场检测中是非常方便的方法，包含染色和显影剂等物质的全套工具统一装于气溶胶罐出售。荧光渗透检测在现场检测下不很容易完成，因为该检测需要产生紫外线的电流和相应的暗室环境。通常，如果利用荧光染料，检测的灵敏度会有所提高。同样，采用先进薄膜的荧光探伤系统则具有非常灵敏的检测能力，这个改进是利用一个聚合的薄片伴随着连续薄片的剥落进而对检测过程记录进行永久保存。荧光探伤广泛用于飞机和飞机发动机的检测和修复，它是对已被维修的裂纹再进行检测时非常稳定、灵敏的检测方法。虽然它的敏感度低于涡流探伤，但由于它可以检测到表面连接裂纹，所以这种方法还是非常有效的。由于很难通过渗透探伤检测残余应力挤压或狭窄表面缺口产生的裂纹，通过拆卸，根据部件使用的损坏程度，对个别被检测到裂纹和有裂纹的零件进行修复或淘汰。

7.3　表面侵蚀检测

对关键钛合金零件，例如转子和翼片的检测，表面侵蚀是一种有效的、补充的检测方法，这种方法是将一个表面加工完好的机械零件侵蚀在化学浴中，根据宏观组织和微观组织进行有选择性的侵蚀，因为侵蚀能够有效地检测 β 斑点（见图 7-19）、连续的 a – 型、在"硬 α 相"附近的氮稳定 α 富集区域、Al 富集区域类型 Ⅱ 和一些应力诱导多孔（SIP）。用于表面侵蚀检测的侵蚀液有几种，见表 7-4，有氟化氢铵（ABF）、蓝色阳极侵蚀（BEA）、水稀释的 HF/HNO_3。从表中可以看到 BEA 是最灵敏的，这种方法已经成为检测大型转动件和大型涡轮发动机，尤其是商业飞机发动机风机叶片的工业标准。由于应用这些技术在机车检测过程中需要大量的经验，因此选择一个强的腐蚀过程是十分重要的。在这点上，蓝色侵蚀阳极氧化比氟化氢铵侵蚀更有效，但如果运用适当，这两种方法也可以达到同样的效果。蓝色侵蚀阳极氧化当初是用于检测 Ⅱ 类缺陷的，但后来证明可广泛应用。图 7-19 是某一发动机部件经过蓝色侵蚀阳极氧化后的例子，图中不均匀的灰色

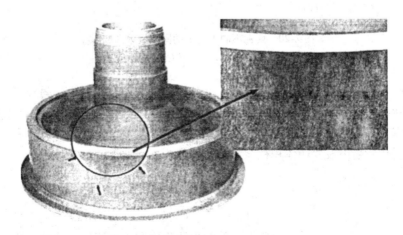

图 7-19　蓝色侵蚀阳极电镀部件显示的一个较高局部 β 转变区域

（由 GE 飞机发动机公司 P. Wayte 供图）

阴影是由于 β 加工基体中 α + β 区域的存在。在实际零件腐蚀中，将会出现不同的蓝色阴影，这将使这类不规则目视检测法消除。图 7-20 是钛旋转路径相同的部分，通过氟化氢铵的侵蚀和蓝色侵蚀阳极氧化的对比图，清晰地显示出两种方法测试的灵敏度区别。

表 7-4　表面腐蚀检测方法

方　法	侵　蚀　液	灵　敏　度
蓝色阳极腐蚀	四个步骤： (1) 热水清洗：30g/L 的磷酸三钠、30g/L 的硼酸、润湿剂 (2) 酸腐蚀：氟化钠、硫酸（使用者自行配制浓度） (3) 阳极处理：pH 为 8 ~ 9 的磷酸三钠溶液，抗腐蚀剂（零件是阳极，控制侵入时间获得好的对比度和灵敏度） (4) 背面腐蚀：30% 硝酸水溶液，1.5% ~ 3% 氢氟酸	高
氟化氢铵	两个步骤： (1) 酸腐蚀：15% 硝酸水溶液，3% 氢氟酸 (2) 氟化铵处理：含 18g/L 水溶液	中等
HF/HNO₃ 稀释	单一步骤： 30% 硝酸水溶液，3% 氢氟酸	低、中等

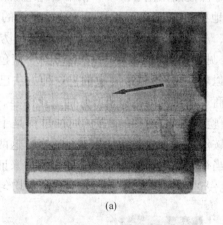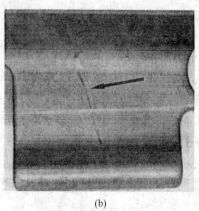

(a)　　　　　　　　　　　　　　　(b)

图 7-20　两种不同工艺下的同一侵蚀区域

(a) 氟化氢铵的侵蚀；(b) 蓝色侵蚀阳极电镀

机身制造厂没有使用表面腐蚀测试法，部分原因是部分机身较大，另外是这些部分的裂纹扩展远胜于低循环疲劳极限。表面侵蚀显示的不规则类型对在开始产生裂纹缺陷处的大量低循环疲劳行为是非常有害的，显然，表面腐蚀检测对于零件，如转子和大型风机叶片的表面检测是对超声波探伤体积检测的必要补充。

7.4　表面复型法

表面复型法是一个较老的，但非常有效的检测表面和表面连接缺陷的方法，该法是应用溶剂软化的醋酸纤维薄膜，将这个软化的薄膜压入检验区域并使其变干，变干后，小心地将其剥落并在显微镜下检测，该薄膜呈现出表面形貌，任何粗糙表面，如裂纹或加工褶皱，如与实际情况不符，都可被观察到。表面复型法有几个优点，第一，它可以通过检测难以直接接近部位的复制品来代替直接检测；第二，表面复型法可以永久记录和储存所检测的信息，在以后可以重新检测；第三，表面复型法可以对检测部件完全无损坏，同时可以用于法律或不允许其他可能改变有问题区域的检测。表面复型技术广泛应用于部件的局部抛光表面，可以通过蓝色侵蚀阳极氧化或氟化氢铵侵蚀在这些表面上进行标记，也可用光学显微镜或扫描电子显微镜对制膜探伤中的信息进行更进一步的分析。

7.5 机械性能测试

在制备钛及其合金疲劳测试的样品时必须非常谨慎，因为钛并不像钢材那样是硬质材料，样品需要在加工之后机械抛光，以获得合适光洁度的表面，去除由于机械加工和随后的抛光造成的残余应力，很明显，表面残余应力可导致产生疲劳断裂，影响获得真正的疲劳寿命值，残余应力也可能造成刻痕出现，因此，机械抛光应沿纵向进行，以避免任何与荷载轴垂直的刻痕。测试疲劳的实验室样品常使用电解抛光来使表面质量达到最大的一致性并使偏差达到最小值。机械抛光后的钛原件表面与那些可能用于工业化生产的钛部件表面很近似，这能获得可靠的疲劳数据，此时，纵向机械抛光所得出的检测数据与服役的原件得到的数据很接近。

图 7-21 所示为由不同的样品制备方法，如粗糙的机械抛光、电解抛光、精细机械抛光和喷射硬化获得的疲劳寿命的变化情况，如果把电解抛光曲线看作材料的"真实"疲劳能力，那么，样品的制备方法和表面条件可能导致相对好的或坏的疲劳寿命就很清楚了。

检测环境对于疲劳检测的结果也扮演了重要的角色，惰性气体、真空度和空气变化相对湿度的测试，都会影响其疲劳寿命。材料中出现的氢作为残留杂质或在制备样品时带入的杂质也可能对测试的疲劳寿命造成负面影响。

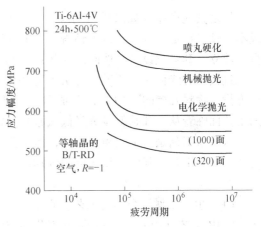

图 7-21　Ti-6Al-4V 样品制备和表面条件对疲劳寿命的影响

钛具有显著的室温蠕变性和在拉伸之后的室温恢复性，这些因素可能影响蠕变检测中初蠕变的检测，因此，对加载系统的调整、加载方法的选择必须谨慎，并且加载速率应该仔细观测和控制，以确保蠕变结果的重现性。相对于镍基合金蠕变测试，在钛的蠕变测试中，需要更加小心才能获得可靠的数据。

8 钛及钛合金生产新工艺

8.1 钛生产新工艺及其发展

钛合金制备的最大阻碍是降低钛合金的成本，更多对价值敏感的产品（如汽车、卡车、航天飞行器）关注的仍是材料价格。如果钛的价格合理，那么将钛材引入汽车和卡车行业都将是有益的。因此，降低钛合金制备成本的替代方法已在试验之中，利用电解精炼的方法，为电子产品需求制备高纯钛的工作也已经开始研究，但这些以纯度为目的的方法与降低成本是相左的。降低成本最根本的挑战是发明一种较之当前冶炼方法更为有效的工艺。

目前比较成熟的是克劳尔还原法工艺，它是从 TiO_2 或 $FeTiO_3$ 中将 O^{2-} 离子与 Ti^{4+} 离子分离得到金属钛的方法，当考虑到金红石的稳定性时，这个课题实际上具有很大的挑战性。

较之其他产品（如涂料）的应用量，钛工业中，四氯化钛的用量较少，因此获得低成本的钛变得更为复杂，这种情况使生产商选择高价购买 $TiCl_4$ 或者再往前走一个工序，自己建立一套氯化设备，然而，这些选择都无助于降低钛的总成本。

过去所有降低成本所做出的努力皆集中在海绵钛生产过程中，早期的努力是从 $TiCl_4$ 作为投入物料开始的。$TiCl_4$ 制备成本占到海绵钛生产成本的 50% 以上，因此，使用 $TiCl_4$ 的工艺面临着从一开始就显著降低钛原料（海绵钛）成本的工艺挑战。

这些新工艺是由工艺相对独立，但工艺特征由本质优点或局限的几种工艺组合而成。对于许多新工艺，其优点和缺点的区别仅可能是该工艺的独特特征对整个工艺过程的经济成本的影响。

（1）生产熔融钛金属的工艺。它是所有电解工艺的一部分，在它们当中有 Ginatta 工艺、CSIR 工艺（南非）、Rio Tinto 工艺和 MIT 工艺。

（2）利用 Na 或 Mg 热法直接还原 $TiCl_4$ 获得固态金属钛的工艺。加热方式一般采用电子束或等离子体加热，这些方法中包括 Armstrong 工艺（也称为 ITP）、CSIRO TiRO 工艺和 ITT 工艺。

（3）在熔融盐中电解还原 TiO_2 的工艺。通常使用 $CaCl_2$ 或与其他熔剂混合的 $CaCl_2$ 作为熔盐，这种工艺仍是生产固态钛单质且能够转变成颗粒状产品，这些工艺包括 FFC 工艺（也称为 EDO）、OS 工艺、BHP Billiton 工艺、MER 工艺和 EMR/MSE 工艺。

第（1）组工艺，即直接生产或以生产熔融态钛金属为目的的工艺，在原理上是很吸引人的，因为可以减去生产中重熔的过程。因此，可以利用水套装置回收常规熔融过程中的潜热。然而，由于高的熔化温度（1670℃）以及熔融钛金属的极高反应活性，从电解槽到熔炼炉的熔融钛输送是相当具有挑战性的。在铝压铸工业实施后，这种想法看起来也许很前沿，在大约 650℃ 的温度下，将熔态铝合金从熔炼炉中直接倒出来，以熔融态进行运输（有时运输距离较远）并直接加入到压铸机中。然而，这种想法仅在概念上吸引人，熔融的金属钛很活泼以至于很难控制，因此不存在像铝压铸一样的任何直接相似性。

如果熔炼金属是铸造成铸锭，那么铸锭的主要用处是作为 CP 钛铸造产品的重熔原料，用 CP 铸锭作为后续合金生产的原料是很困难的，除非经 PAM 或 EBM 加热炉，将铸锭转变成一种有用的合金，所有的操作都将增加成本，这些新工艺的成本分析是至关重要的。

第（2）组工艺具有吸引力是因为它们可应用在预合金过程，尤其在原理上，能直接制成多种产品，包括一些部件。然而，这些工艺利用 $TiCl_4$ 作为原料也有不足之处，成本仍是讨论的重点。实际上，这种颗粒产品非常细而且在形状上不规则，这就会使生产出来的产品（颗粒）具有非常低的密度，这种颗粒具有很大的表面与体积比，从而容易吸附气体和带入其他杂质，虽然这些担心都不是本质的，但要消除每一种担心都需要一些特别的操作方式，每个增加的操作步骤都会增加潜在成本，并且会对最终成品增加变数，在处理时会增加许多成本。现在，较小规模的产品已通过这些方法（ITP 和 TiRO 法生产比率在增加）生产出来，但要确定一个稳定产量的成本是困难的。

预合金化的可能性在降低成本方面也有很大的潜力，因为它减少了通过 VAR 法制备钛锭常规工艺中的一些步骤，尤其是预合金颗粒可以直接加入到产品中，减少了海绵钛和母合金的混合和压紧工序、初熔 VAR 电极的制备、初熔铸锭工序以及将铸锭转变成轧制成品的各种调整损失。在预合金颗粒产品的性质方面仍存在一些问题，这些问题包括 NaCl 在产品中的残留量和如何实现预合金颗粒的稳定成分控制。当工艺变得成熟时，这些问题将会是研究的重点。最后，这种工艺为合金元素直接加入钛中提供了可能。采用传统的铸锭冶金方法添加合金元素不是不可能，而是很困难，因为它们的熔化温度差别很大，或溶质在锭中的凝固过程中有偏析趋势。

第（3）组的所有工艺都是以金红石（TiO_2）、钛铁矿（$TiFeO_3$）或含钛物料，例如富钛渣为原料的电化学还原过程，这些工艺比使用 $TiCl_4$ 在价格上有优势，这些反应的核心装置是电解槽，它包括熔盐、阴极（组分有钛矿，或直接是钛化合物）和阳极（通常由石墨充当）。MER 工艺是一个例外，它使用钢或其他金属作为阴极，石墨作为阳极。

这些电解工艺中还有一些机理有待研究，第一是还原反应过程中的电流效率，现在，FFC 工艺达到的最好电流效率比预期值要低，电力成本在成品成本中的比例也比原先估计的要高得多，因为这些效率数据是小规模电解槽（25kg）中得到的，如果建大的电解槽，那么电流效率将会更低。目前，电解工艺实际上是用电力的高成本换取热还原工艺（比如 Armstrong 工艺）使用 $TiCl_4$ 的低成本。第二个是电解还原工艺复杂的化学反应，还原过程的复杂化学反应使得整个反应结束的时间变得更长，这样就使电耗增加。第三，还存在着在产品金属钛中得到中间产物的风险，它们在蒸发时会使真空熔炼变得困难。第四，大型电解槽在高温下的运行成本始终是一个需要考虑的问题，此前对大规模电解还原生产钛的尝试最终都放弃了，因为电解槽维护困难且成本高。

其中的一些工艺，如 FFC 法，有同时还原一些氧化物的能力，例如铝、钒和其他元素的氧化物，这些合金元素是钛合金的一个基础，但有些元素，例如镁，它非常容易成为异常合金成分，因为现今没有证据表明钛当中的镁元素是有益的合金成分，但它又很引人注意，因为镁会降低合金的密度。

FSP 前后的铸态 Ti-6Al-4V 合金微观结构如图 8-1 所示。

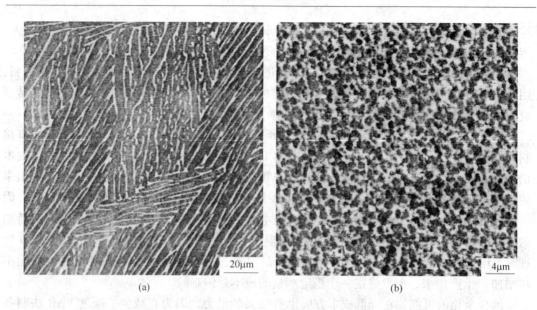

(a)   (b)

图 8-1　FSP 前后的铸态 Ti-6Al-4V 合金微观结构（SEM、BSE）
（a）铸造 + HIP 条件下的薄片结构；（b）在 FSP 区微细的等轴 α + β 晶粒的微观结构

8.2　氢化钛及合金粉制备新技术

目前，世界上钛粉的生产方法很多，如氢化脱氢（HDH）法、导电体介入反应（EMR）法、ITP（Armstrong）法、预成型还原（PRP）法、机械合金（MA）法、金属氢化物还原（MHR）法、连续熔盐流法、等离子氢还原法、气相还原法、气体雾化法等。原料钛粉的制备方法决定了它的性能、用途和价格，见表 8-1。

表 8-1　国内外生产钛粉的主要方法

工艺方法		简　称	成　本	粒　形	粒　度	可制取的粉末
氢化脱氢法		HDH	低	不规则	粗、细、微	Ti
金属还原法	镁还原法	镁法	低	海绵状	粗	Ti
	钠还原法	钠法	低	海绵状	粗	Ti
	钙还原法		中等	海绵状	粗	Ti
电解法	电解法	电解法	低	海绵状	粗	Ti
	电解精炼法	—	较低	多角状	粗	Ti、TiAl
雾化法	旋转电极法	REP	较高	球形	粗	Ti、Ti-6Al-4V
	旋转圆盘电子束熔化	EBRD	较高	球形	粗	Ti、Ti-6Al-4V、TiAl
	旋转电极等离子熔化	PREP	较高	球形	粗	Ti、Ti-6Al-4V、TiAl
	旋转电极电子束熔化	EBREP	较高	球形	粗	Ti、Ti-6Al-4V
	气体雾化法	GA	较高	球形	细	Ti、Ti-6Al-4V
直接雾化法		—	—	片状	粗	Ti-6Al-4V

8.2.1 旋转电极法

旋转电极法（REP）是将海绵钛（或残钛）棒置于惰性气氛下，对其通过电子束或是真空电弧熔炼，借助高速气流或机械力使熔融金属钛雾化。实质上就是利用离心力将熔融钛雾化成粉，冷凝后可以得到高纯度球形钛粉。以此法生产的钛粉为原料，可以制得相对密度高、机械性能好的钛合金部件。但生产钛粉的成本相当高，所以一般只能用在最注重性能因素的航天航空领域。

8.2.2 Mg 还原法

Mg 还原法（Kroll 法）生产钛粉的方法成本较低，通过 $TiCl_4$ 与 Mg 发生还原反应生成海绵钛来实现。但海绵钛黏性高，不易破碎，且孔隙度大，粉末粒度也大，含氯量高，因而不能应用于对产品性能要求高的领域。气体雾化法钛粉的成型性、流动性均较好且氧含量低，可作为粉末冶金或注射成型原料，有望成为还原法海绵钛粉的代替品，但生产率较低，粉末成本较高。

8.2.3 高纯二氧化钛还原新工艺法

杜邦公司近年开发出生产高纯度二氧化钛的新工艺，即用低品位钛铁矿、焦炭和氯气生产四氯化钛，再用纯氧置换氯。由于使用低品位钛铁矿，生产成本不到传统工艺的 1/3，高纯度钛粉以这种二氧化钛为原料用电解法将二氧化钛还原为钛粉（脱氧），同时调整粒度大小。该新工艺生产成本较低，但此法还处于实验室阶段，尚未推广应用。

8.2.4 氢化脱氢法

氢化脱氢法是利用钛与氢可逆特性制备钛粉的一种工艺。钛吸氢后产生脆性，机械破碎制成氢化钛钛粉，将其在真空条件下高温脱氢可制取钛粉。此工艺生产的钛粉粒度范围宽、成本低，对原料要求低，目前已经成为国内外生产钛粉的主要方法。但该方法制备钛粉的 O、N 含量较高，近年来，国内外对制备低成本低氧含量钛粉的研究日益活跃。

美国先进材料集团（ADMA Group）利用陆军研究实验室小型商业创新研究基金与爱达荷大学合作，通过改良的克罗尔工艺，以洗净的残钛（机加工车屑）为原料，氢化脱氢生产钛粉，大幅度降低了钛粉的生产成本。日本东邦公司利用改进的氢化脱氢法制备出了粒度小于 $150\mu m$，氧含量小于 0.15% 的钛粉，并建成了年产 30t 的氢化脱氢钛粉生产线。国内，西北有色金属研究院、中南大学、遵义钛业、宝鸡钛业、北京有色研究总院、广东有色金属研究院、咸阳天成有色金属科技研发有限公司等科研机构和企业，对氢化脱氢法制备钛粉进行了研究。西北有色金属研究院粉末冶金厂（西安宝德粉末冶金有限责任公司），通过对氢化脱氢工艺进行研究和改进，制备出了 O 含量小于 0.2% 的高品质钛粉，其性能接近旋转电极法粉末，目前已经工业化生产。中南大学以海绵钛为原料，通过氢化破碎、阻止剂包覆、真空脱氢及阻止剂脱氢的方法制备微米级超细钛粉。遵义钛厂已成功开发出了优质低氧钛粉，并已出口日本、美国等国外用户。广州有色金属研究院在氢化脱氢工艺的基础上开发出了等离子脱氢和氢化处理工艺，为进一步降低生产成本、改善粉末流动性提供了新的方法。有国内研究团队对两步氢化法制备氢化钛粉末进行了深入研究，并完成中试，以下将对其技术进行叙述。

8.3　氢化脱氢法生产工艺及其发展

8.3.1　氢化脱氢机理

氢在钛及钛合金中的存在形式主要有固溶氢原子和钛氢化合物两种类型。当钛合金中的氢含量小于其在某一温度下的最大固溶度时，氢以原子形态固溶于钛晶格的间隙位置。氢作为间隙原子处在晶格最大间隙位置时畸变能最小，因此，早期研究认为，在密排六方结构（hcp）的 α-Ti 中，氢应当位于八面体间隙位置；而在体心立方结构（bcc）的 β-Ti 中，氢应当占据四面体间隙位置。但近年来随着对氢在金属中占位研究的深入，有研究者提出，除了畸变能外，氢还能与许多金属原子形成一定的化学键，而这些化学键的形成将会使体系的能量降低，所以氢原子在钛中占据哪种位置是两种能量竞争的结果。Hempelmann 等在 300℃ 的 α 钛中检测到氢原子同时占据钛晶格的四面体间隙和八面体间隙，Senkov 等认为，在 β 钛中，当氢原子被放置在四面体间隙中时，由于氢原子的直径比间隙大约小 15%，氢钛原子间的作用力可能会导致晶格收缩，而当氢原子被放置在更小的八面体间隙中时，钛晶格可能会被胀大。他们通过中子衍射方法研究发现，渗氢可使体心立方 β 钛的晶格膨胀，由此认为氢在 β 钛中主要位于八面体间隙位置。

氢位于钛及钛合金中的间隙位置导致晶格畸变，低温下产生固溶强化效果，研究表明，氢引起的固溶强化效果强弱取决于氢在间隙位置引起的畸变大小。固溶的氢原子越多，氢引起的晶格畸变越大，固溶强化的效果越显著。由于氢在钛合金的 α 相中的饱和固溶度只有 $20 \sim 200\mu g/g$，而在 β 相中的饱和固溶度可达几千至 $10^4 \mu g/g$，且 α 相中氢所在的间隙半径大于 β 相间隙半径，因此氢在 β 相中引起的固溶强化效果明显大于在 α 相中的强化效果。

如图 8-2 所示，钛和氢有较大的化学亲和力，因此当钛合金中的氢含量超过合金的固溶度时极易生成钛氢化合物。研究表明，钛及钛合金中可以有三种不同晶体结构的氢化物析出，即面心立方（fcc）结构的 δ 氢化物 TiH_x（$1.5 \leqslant x \leqslant 1.99$）、面心四方（fct）结构的 ε 氢化物 TiH_2 和 γ 氢化物 TiH。δ 氢化物和 ε 氢化物是稳定结构，而 γ 氢化物是一种亚稳结构，在渗入微量 H 的单晶 Ti 中首先发现了面心四方（fct）结构的 γ 氢化物。然而 Hall 观察认为亚稳 γ 氢化物为体心四方（bct）结构。Guay 等在氢含量（质量分数）为 0.22% 的钛合金中观察到两种氢化物，一种呈片状，为有序 fct 结构的 γ 氢化物；另一种呈不规则形态，为 fcc 结构的 δ 氢化物。Conforto 等人在不同氢含量钛合金中观察到了两种氢化物，即面心四方 TiH（$a = 0.420nm$，$c = 0.470nm$）和面心立方 TiH_x（$1.6 \leqslant x \leqslant 2.0$）（$a = 0.440nm$），它们分别由两种不同的机理形成，同 α 钛基体间存在四种不同的位向关系。Bhosle 等通过研究氢化物的分解发现，低氢含量的亚稳 TiH_x（$0.7 < x < 1.1$）具有较高的分解活化能，在较高温度下比 TiH_2 的热稳定性好。在高温下，Ti 溶解氢转变为 TiH 结构，在冷却过程中，TiH_x 相转变为 $TiH_2 + \alpha\text{-Ti}$ 混合相，且高氢含量的 TiH_2 相在贫

氢的 α-Ti 基体上形成。国内，康强等观察到在工业纯 α-Ti 渗氢后的共析转变组织中析出面心立方结构的 δ 氢化物，而从 α-Ti-H 中直接析出 γ 氢化物。王宇等报道，在 H/Ti 原子比 $0.1 < x < 0.9$ 时，观察到体心四方（bct）结构的亚稳 γ 氢化物，其晶格参数 $a = 0.312nm$，$c = 0.418nm$，与 Hall 观察到的氢化物结构相同，在 x 较大时观察到 fcc 结构的 δ 氢化物。综合分析以上研究发现，观察到的 δ 氢化物均被确定为 fcc 结构；而对于 γ 氢化物的结构，多数研究认为是面心立方结构，但也有研究认为是体心四方结构，对于在各种条件下形成的氢化物种类、形态和结构仍需要进一步的研究。

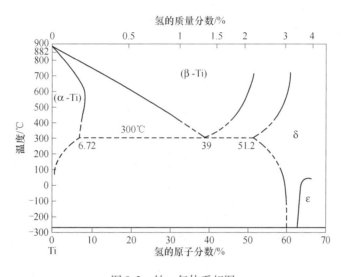

图 8-2　钛－氢体系相图

氢作为间隙型 β 稳定元素，在钛及其合金中具有以下特性：

（1）氢脆性。当含氢的 β-Ti 共析分解以及含氢的 α-Ti 冷却时，均可析出氢化物。室温下，氢化物的存在使合金变脆，韧性降低。

（2）可逆溶解反应。当外界氢压低时，固溶于钛合金中的氢便从合金中逸出，所以合金中的氢可通过真空退火去除。

（3）增加 β 相的稳定性。降低了临界冷却速率和马氏体转变温度，提高了合金的淬透性，因此，在较低温度和较慢冷速下淬火，也可以获得大量亚稳相，使原始组织全部转变为马氏体。氢对钛合金相变和相组成的影响与 V、Mo、Cr、Fe 等置换元素相似，0.1% H（质量分数）对 β 相的稳定效果与 3.3% Nb，1.62% V，1.05% Mo，0.66% Fe，0.64% Cr 相当。

（4）发生共析转变。当降温至共析转变温度时，氢含量高的钛合金发生共析转变，析出氢化物 γ 相。

（5）降低 β 转变温度。作为强 β 稳定元素，氢扩大 β 相区，降低 β 转变温度。氢含量（质量分数）为 0.4% ~ 1.35% 的 TiC₄ 钛合金，815℃ 以上即可完全转变为 β 相，而不含氢时，其 β 转变温度在 990℃ 左右。氢含量不同，合金 β 转变温度也不同，有研究表明氢含量（质量分数）每增加 0.5%，β 转变温度降低 130℃。

（6）高溶解度。氢在 α-Ti 中溶解度虽然很小，室温下仅为（质量分数）0.002% ~

0.007%，但在 β-Ti 中的溶解度可达（质量分数）0.4%，而且随着温度的升高，溶解度增大，640℃时纯钛中可溶解（质量分数）3%的氢。

8.3.1.1　吸氢机理

钛吸氢属"气—固"反应，是个连串过程，扩散为控制环节，此时氢原子是逐个溶入钛中的，钛及钛合金在渗氢过程中，氢会向钛内部渗透并扩散，在渗氢温度下氢气分子首先分解成氢原子并且撞击合金试样表面，然后，氢原子优先在晶界或相界处短程扩散，使这两处的氢浓度在短时间内达到饱和，最后，氢原子通过晶格扩散进入晶粒内，完成扩散过程，故氢化反应历程为：

$$\frac{1}{2}H_2 =\!\!=\!\!= H$$

$$Ti + H =\!\!=\!\!= TiH$$

$$TiH + H =\!\!=\!\!= TiH_2$$

经推导得出：

$$\frac{dW_{TiH_2}}{dt} = KAp_{H_2}^{0.5}$$

积分后得出：

$$W_{TiH_2} = KAtp_{H_2}^{0.5}$$

同时，按亨利定律导出与上式吻合的氢的溶解度（S）为：

$$S = S_0 p_{H_2}^{0.5} \exp\left(-\frac{q_s}{2RT}\right)$$

或者：

$$\ln S = \ln S_0 + 0.5\ln p_{H_2} - \frac{q_s}{2RT}$$

式中　S_0——溶解度常数；

　　　A——反应比表面积；

　　　q_s——溶解热。

8.3.1.2　吸氢动力学及影响因素

A　氢气压力和纯度

当温度一定时，由式 $S \propto p_{H_2}^{0.5}$ 可知，钛的氢化速率与氢压力存在抛物线关系，但钛在氢化过程中随着吸氢量的增加相态发生变化，从 α→β→γ。在 α、β、γ 单相区内，钛的氢化速率与氢压力基本上存在上述关系；而在混合相区内，如（α + β）或（β + γ）则比较特殊，即使氢压力不变，钛的吸氢量仍然会增加很多。总的来说，加大氢压力能使钛的吸氢速率增加。

工艺上，为了兼顾高温下反应器的安全性能，常采用约 0.1 ~ 0.2MPa 的氢压力，温度和氢压对钛吸氢量的影响如图 8-3 和图 8-4 所示。

氢的纯度对钛的氢化速率也有影响，不纯氢含较多的氧、氮和水等杂质，在氢化时，这些杂质都被钛吸收，并同时会形成新的 TiO 或 TiH 表面膜，阻碍钛的氢化。

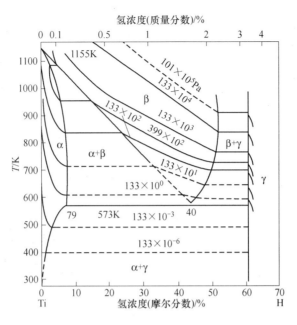

图 8-3 Ti-H 系状态图

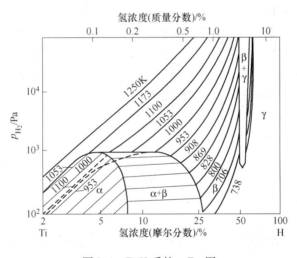

图 8-4 Ti-H 系的 p-T-x 图

B 温度影响

在氢的溶解度公式中，因放热反应时 q_s 为负值，当氢压为常数时，$\lg S \propto \dfrac{1}{T}$，这与图 8-5 所示的 Ti-H 系状态图反映的规律也是一致的，此种情况在 α、β、γ 单相区尤其如此，而在（α+β）、（β+γ）、（α+γ）混合相区则属例外。但总的来说，随着温度下降，钛的含氢量增加，钛的吸氢主要是在降温过程中进行，直至室温仍可吸氢。

C 氢化冷却时间

钛的氢化主要在冷却阶段，所以冷却速度与氢的溶解度有关，由钛吸氢动力学知，

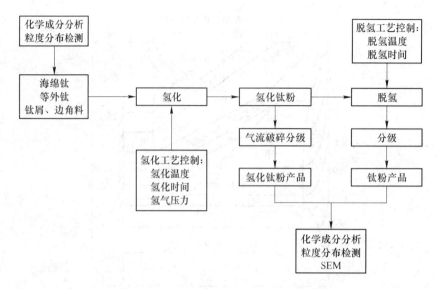

图 8-5　工艺流程

$W_{\mathrm{TiH_2}} \propto t$，氢化冷却时间越长，其吸氢量越多，快速冷却易使氢的溶解度达不到饱和，产品的氢含量低。

根据图 8-2 所示的 Ti-H 二元相图可知，在 300℃ 时，纯 α-Ti 中的氢溶解度为 0.17%（质量分数），而在室温下氢的溶解度仅为 0.002%（质量分数），但是，氢在纯 β-Ti 中的溶解度极高，在共析温度（300℃）下，溶解度高达 1.42%（质量分数），研究表明，氢在钛及钛合金中的溶解度，在 400 ~ 1200℃ 温度范围内遵循 Sivert 定率，根据 Sivert 定律，双原子分子气体氢在钛及钛合金中的溶解度表达式为：

$$C = k_0 \exp(-Q/RT) \cdot P^{1/2}$$

式中　　C——钛及钛合金的氢浓度；

　　　　k——常数；

　　　　Q——氢在钛中的溶解热；

　　　　T——渗氢温度；

　　　　P——氢气的平衡压力。

从上式可以看出，在吸收过程中，氢的压力越大，钛吸收的氢越多，由于氢在钛中的溶解是放热反应，Q 为负值，氢在钛中的浓度将随着渗氢温度的增加而减小。根据以上理论分析，氢化工艺初步确定为：氢化温度 600 ~ 900℃，氢气压力约 0.1 ~ 0.2MPa，氢化冷却时间按不同的批量约为 1 ~ 15h。

8.3.2　氢化脱氢法生产工艺

8.3.2.1　生产工艺流程

氢化脱氢法生产工艺包括氢化、脱氢、气流破碎等工艺，如图 8-5 所示。一般以等外钛粉及钛板车屑为原料，如图 8-6 所示。将一定质量的等外钛或钛屑装入氢化炉（图 8-6 (a)）中，对氢化罐抽真空，同时升温至氢化温度，通入氢气（图 8-6(b)），保温一段时间后停止加热，冷却至室温，关闭氢气。氢化现场如图 8-7 所示。出炉的氢化钛实物如图 8-8 所示。

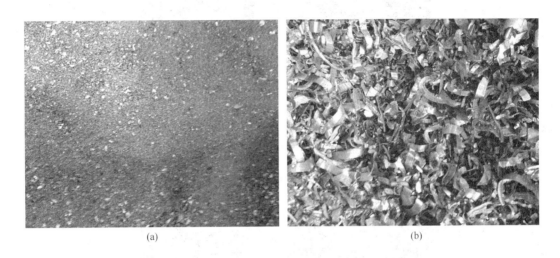

(a)   (b)

图 8-6　试验用原料实物图

（a）等外钛粉；（b）钛板车屑

(a)   (b)

图 8-7　氢化现场

（a）氢化炉；（b）氢气站

　　氢化温度、氢化时间都会影响破碎效果，即氢化程度。当氢化时间一定时，温度较低，反应活性不强；当温度提高后，氢化效果较好。氢化反应所需要的时间较长，即使提高氢化温度，氢化时间缩短，反应进行得也不彻底，所以氢化工艺的制定必须兼顾氢化温度及氢化时间。

　　对产出氢化钛进行 XRD 检查，其结构如图 8-9 所示。可确定等外钛氢化的适宜工艺条件为：氢化温度 720 ~ 750℃；氢气压力 0.1 ~ 0.12MPa；氢化时间 6 ~ 8h。

图 8-8 不同批次氢化钛出炉实物

8.3.2.2 球磨工艺

氢化效果不理想的氢化钛需要装入球磨罐进行球磨，如图 8-10 所示，抽取球磨罐中的氢气，然后通入高纯氩气进行置换三次后，通入 0.05MPa 高纯氢气进入高能球磨机进行间断球磨，间隔时间为 30min，球料比 10∶1。

A 球磨氢化钛粉吸氢机理

机械合金化技术合成材料的反应机理主要有扩散性机理与自蔓延高温合成（SHS）机

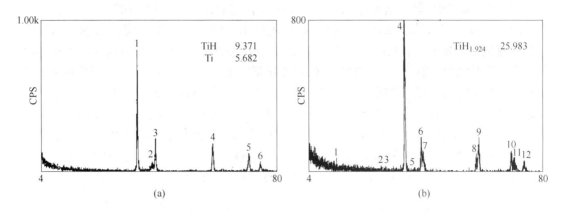

图 8-9　氢化钛 XRD 检测结果
（a）720℃，6h；（b）750℃，6h

图 8-10　高能球磨机与气氛球磨罐

理。氢气氛下，固 – 气反应球磨过程中，机械球磨驱动的 Ti-H₂ 反应过程可分为三个阶段。

　　反应第一阶段，主要以 Ti-H₂ 反应生成 Ti（H）固溶体为主。在此阶段，一方面机械球磨时钛粉变形面形成大量新生表面，内部产生晶体缺陷；另一方面，H₂ 吸附于粉体表面离解成 H 原子后向晶内扩散，形成 Ti（H）固溶体，其数量随球磨的进行而增加。由于在此球磨阶段，材料中晶体缺陷数量以及固溶体中氢浓度相对较低，TiH₂ 一般尚难以形成，因此，随着球磨时间的增加，材料中的氢含量逐渐增加，但变化趋势比较缓慢。

　　反应进入第二阶段，部分固溶体氢浓度已达到饱和，且钛粉的晶粒尺寸已大大细化，粉末内部晶界与晶体缺陷数量显著增加，为 H 原子扩散提供了众多快捷通道，因此，第二阶段的反应主要为固溶体向 TiH₂ 的转变，且 H₂ 分子离解成 H 原子及其向晶内扩散的速率均比第一阶段显著提高，即进入 Ti、H₂ 快速反应生成 TiH₂ 的阶段。但是，在此阶段后期，由于大部分固溶体已转变为 TiH₂，即材料中剩余的固溶体越来越少，球磨过程中单位时间内新生成的 TiH₂ 数量相应减少，因而反应速度逐渐减慢，直到球磨 4 ~ 6h 时，固溶体向 TiH₂ 的转变基本完成，此时材料的吸氢量达到 3.12%。

当固溶体向 TiH_2 转变基本完成后，反应进入第三阶段。此时材料中绝大部分为 TiH_2，剩余的 Ti（H）固溶体越来越少，而球磨过程中单位时间内产生的能够激活固溶体向 TiH_2 转变的碰撞次数及有效碰撞频率是不变的，这就意味着残余的数量极少的固溶体材料，在单位时间内被能够产生有效碰撞的磨球捕获的几率越来越小，因此，反应速率显著减慢。球磨 10h 后，材料的吸氢量达到 4.28%；继续增加球磨时间，材料不再吸氢，表明球磨进行到 10h 后，材料已经完全氢化。材料完全氢化的实际吸氢量（4.28%）略高于 TiH_2 理论含氢量 4%，这是由于大量粉末颗粒表面及晶界与晶体缺陷的存在，这些局部位置的吸氢量与理论含氢量有较大的差距。图 8-11 所示为氢化球磨后的氢化钛粉的 XRD 图谱。从图中可以看出，经过氢化球磨后的钛粉彻底转变成了 TiH_2 粉末。

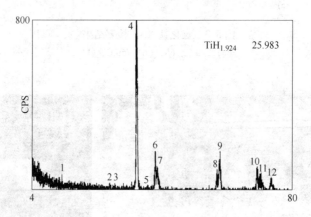

图 8-11 纯钛粉与氢化球磨不同时间后的 XRD 图

B 球磨时间对粉末粒度和形貌变化的影响

球磨时间对 TiH_2 粉末粒度的影响很大（图 8-12）。球磨 2h 粉末便迅速细化，约为 $5\sim10\mu m$，呈不规则形状。随着球磨时间的延长，粒度细化效果较明显，4h 粒度达到 $1\mu m$ 以下。此时在 SEM 下观察粉末形貌，因粉末太细难分散，成团聚状。从 SEM 照片上还可以看出，粉末粒度在纳米范围内，在整个球磨过程中，随着球磨时间的延长，粉末粒度形貌由不规则形状逐渐变成等轴状，最后成团聚的絮状。

C 对粉末粒度和形貌变化的影响

球磨装置可使用普通混料机及高能球磨机，两种装置对粉末粒度和形貌变化的影响如图 8-13 所示。普通混料机上球磨 60min 后 TiH_2 粉末得到有效细化，粉体颗粒平均直径小于 $10\mu m$；高能球磨（HEM）60min 的粉末粒度远小于普通混料机球磨 60min 后的粉末。

8.3.2.3 破碎分级工艺

A 冲击磨破碎工艺

冲击磨主要由粉碎室和分级室组成。通过调整破碎主机频率及分级频率制备的不同粒度的氢化钛粉见表 8-2。氢化钛粉进入粉碎室后，在粉碎盘与研磨轨道之间相互碰撞达到破碎效果。破碎后氢化钛粉通过分级叶轮进行分级，合格的粉体经过料管，通过旋风收集器收集；不合格的氢化钛粉沿筒壁回到粉碎室，继续粉碎，直到合格为止，冲击磨如图 8-14 所示。

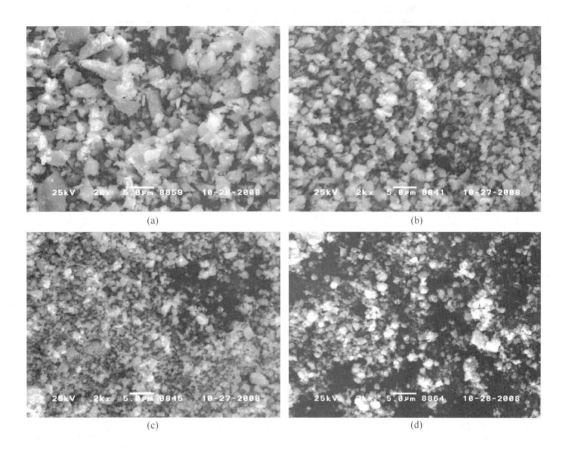

图 8-12 球磨时间对粉末粒度和形貌变化的影响

(a) 2h；(b) 4h；(c) 6h；(d) 8h

图 8-13 不同球磨装置对粉末粒度和形貌变化的影响

(a) 普通 60min；(b) HEM 60min

表 8-2　冲击磨主机频率与分级频率对粒度的影响

序　号	主机频率/Hz	分级频率/Hz	粒度分布/%				
			+60	−60～+80	−80～+100	−100～+120	−120
1	10	5	3.7	62.96	18.52	14.81	
2	15	5		22.2	22.2	28.6	22.2
3	30	5		4.1	9.6	67	
4	20	5		27.3	18.2	47	
5	10	5	17.4	23.9	13.1	32.6	
6	5	5	39.6	18.75	16.7		
7	6	5	30	35		15	
8	7	5	28.6	31.4	11.4	24.3	
9	8	5	25	17.5	20	30	
10	9	5	28.6	20		20	37.1
11	20	5	19.57	52.17	15.22		13.04
12	20	5	19.64	62.50	15.63		
13	20	5	17.78	55.56	8.89		17.78
14	35	10	48.65	29.73	10.81	10.81	
15	35	13	31.58	46.43	15.79	18.42	
16	35	15	8.3	27.78	22.22	41.67	
17	35	13	26.67	46.67	13.33	13.33	
18	35	13	26.92	42.31	11.54	19.23	
19	40	10	23.53	29.41	17.65	29.41	
20	40	10	26.79	28.57	16.07	28.57	
21	40	10	18.18	27.27	18.18	36.36	

图 8-14　冲击磨

图 8-15　氮气气流破碎分级系统

B 氮气气流破碎分级系统工艺

压缩气体或过热蒸汽通过喷嘴后，产生高速气流且在喷嘴附近形成很高的速度梯度，通过喷嘴产生的超音速湍流作为颗粒载体，物料经负压的引射作用进入喷管，高压气流带着颗粒在粉碎室中作回转运动并形成强大的旋转气流，物料颗粒之间不仅要发生撞击，而且气流对物料颗粒也产生冲击剪切作用，同时物料还要与粉碎室发生冲击、摩擦、剪切作用，如果碰撞的能量超过颗粒内部需要的能量，颗粒将被粉碎。粉碎合格的细小颗粒被气流推到旋风分离室中，较粗的颗粒则继续在粉碎室中进行粉碎，从而达到粉碎的目的。研究证明，80% 以上的颗粒是依靠颗粒间的相互冲击碰撞被粉碎的，只有不到 20% 的颗粒是通过颗粒与粉碎室内壁的碰撞和摩擦被粉碎，经气流粉碎后的物料平均粒度细、粒度分布较窄、颗粒表面光滑、颗粒形状齐整、纯度高、活性大、分散性好。氮气气流破碎分级系统设备如图 8-15 所示，破碎参数见表 8-3。

表 8-3 氮气气流破碎分级系统主机频率与分级频率对粒度的影响

序 号	主机频率/Hz	分级频率/Hz	−325 目/%
1	5	5	70
2	10	5	87
3	10	10	94
4	15	10	98

气流粉碎技术具有如下特征：

（1）由于压缩气体在喷嘴处绝热膨胀会使系统温度降低，颗粒的粉碎是在低温瞬间完成的，从而避免了某些物质在粉碎过程中产生热量而破坏其化学成分的现象，尤其适用于热敏性物料的粉碎。

（2）气流粉碎纯粹是物理行为，既没有其他物质掺入，也没有高温下的化学反应，因而可保持物料的原有性质。

（3）气流粉碎技术是根据物料的自磨原理实现对物料的粉碎，粉碎的动力是空气，粉碎腔体对产品污染极少，粉碎是在负压状态下进行的，颗粒在粉碎过程中不发生任何泄漏，只要空气经过净化，就不会造成新的污染。

8.3.2.4 脱氢工艺

A 氢化钛脱氢机理

氢化钛的脱氢过程就是 TiH_2 的分解过程，见下式：

$$TiH_2 \Longrightarrow Ti(s) + H_2(g)$$

反应从左向右进行。应用 Van't Hoff 等温方程式：

$$\Delta_r G_m = \Delta_r G_m^{\ominus} + RT\ln J^{\ominus}$$

判断化学反应在某一指定条件下的方向和限度，查兰氏化学手册得各物质的热力学数据见表 8-4。

表 8-4　TiH$_2$(s)、Ti(s)、H$_2$(g)在 298K 及 101325Pa 下的热力学数据

物　质	$\Delta_f H_{298}^{\ominus}/\text{J} \cdot \text{mol}^{-1}$	$S_{298}^{\ominus}/\text{J} \cdot \text{mol}^{-1} \cdot \text{K}^{-1}$	$C_{pm}^{\ominus}[B]/\text{J} \cdot \text{mol}^{-1} \cdot \text{K}^{-1}$
TiH$_2$(s)	−144400	29.7	$37.52 + 33.92 \times 10^{-3}T - 1.64 \times 10^{6}T^{-2}$ (298~900K)
Ti(s)	0	30.8	$22.24 + 10.21 \times 10^{-3}T - 0.01 \times 10^{6}T^{-2}$ (298~1166K)
H$_2$(g)	0	130.7	$26.88 + 3.59 \times 10^{-3}T + 0.11 \times 10^{6}T^{-2}$ (298~3000K)

$\Delta_f H_m^{\ominus}$ 和 $\Delta_f G_m^{\ominus}$ 是温度 298K 和标准压力下的标准摩尔生成焓和标准摩尔生成自由能，计算反应标准吉布斯自由能 $\Delta_r G_m^{\ominus}$ 与温度 T 的关系式，其反应的热容差为：

$$\Delta C_P^{\ominus} = 11.6 - 20.12 \times 10^{-3}T + 1.74 \times 10^{6}T^{-2} \quad (298 \sim 900\text{K})$$

反应焓变 $\Delta_r H_m^{\ominus}$ 与温度 T 的关系式为：

$$\Delta_r H_m^{\ominus}(T) = \Delta_r H_m^{\ominus}(298\text{K}) + \int_{298}^{T} \Delta C_P^{\ominus} \mathrm{d}T$$
$$= 147675.494 + 11.6T - 10.06 \times 10^{-3}T^2 - 1.74 \times 10^{6}T^{-1}$$

$$\Delta_r H_m^{\ominus}(298\text{K}) = 144.4\text{kJ/mol}$$

反应的标准吉布斯自由能 $\Delta_r G_m^{\ominus}$ 与温度 T 的关系式为：

$$\Delta_r S_m^{\ominus}(298\text{K}) = 131.8\text{J/(mol} \cdot \text{K)}$$

$$\Delta_r G_m^{\ominus}(298\text{K}) = 105123.6\text{J/mol}$$

根据吉布斯－亥姆霍兹方程的积分式：

$$\left[\frac{\partial\left(\dfrac{\Delta G_m^{\ominus}}{T}\right)}{\partial T}\right]_P = -\frac{\Delta H_m^{\ominus}}{T^2}$$

在恒压下对上式作积分，得到：

$$\Delta_r G_m^{\ominus}(T) = 147675.494 - 69.906T - 11.6T\ln T + 10.06 \times 10^{-3}T^2 - 0.87 \times 10^{6}T^{-1}$$
$$(\text{J/mol})(298 \sim 900\text{K})$$

计算反应吉布斯自由能 $\Delta_r G_m$ 与温度 T 的关系，由化学反应的等温方程可以得出反应的吉布斯自由能变化 $\Delta_r G_m$ 与温度 T 的关系：

$$\Delta_r G_m(T) = \Delta_r G_m^{\ominus}(T) + RT\ln J^{\ominus}$$

$$= \Delta_r G_m^{\ominus}(T) + RT\ln \frac{P_{H_2}}{P^{\ominus}}$$

$$= 147675.494 - 69.906T - 11.6T\ln T + 10.06 \times 10^{-3}T^2 -$$
$$0.87 \times 10^{6}T^{-1} + 8.314T\ln \frac{P_{H_2}}{101325}$$

TiH$_2$ 脱氢温度与真空度的关系，当化学反应的 $\Delta_r G_m(T) < 0$ 时，反应 TiH$_2$(s)FTi(s) + H$_2$(g)向右进行，即 TiH$_2$ 发生分解。

当 $T = 250℃$ 时，$\Delta_r G_m(523\text{K}) = 74227.25 + 8.314 \times 523\ln \dfrac{P_{H_2}}{101325} < 0$，得出 $P_{H_2} < 3.91 \times 10^{-3}\text{Pa}$；

当 $T = 350℃$ 时，$\Delta_r G_m (623K) = 60130.98 + 8.314 \times 623\ln\dfrac{P_{H_2}}{101325} < 0$，得出

$P_{H_2} < 0.92Pa$；

当 $T = 450℃$ 时，$\Delta_r G_m (723K) = 45975.05 + 8.314 \times 723\ln\dfrac{P_{H_2}}{101325} < 0$，得出

$P_{H_2} < 48.31Pa$；

当 $T = 550℃$ 时，$\Delta_r G_m (823K) = 31812.43 + 8.314 \times 823\ln\dfrac{P_{H_2}}{101325} < 0$，得出

$P_{H_2} < 969.51Pa$；

当 $T = 650℃$ 时，$\Delta_r G_m (923K) = 17678.02 + 8.314 \times 923\ln\dfrac{P_{H_2}}{101325} < 0$，得出

$P_{H_2} < 10121.43Pa$。

影响 TiH_2 分解反应平衡的因素只有压力（真空度）和温度，TiH_2 分解达到平衡时分解压与温度的关系如图 8-16 和图 8-17 所示。当反应平衡时，分解压 P_{H_2} 与温度 T 的关系式为：

$$\ln P_{H_2} = -\frac{17823.40}{T} + 28.53$$

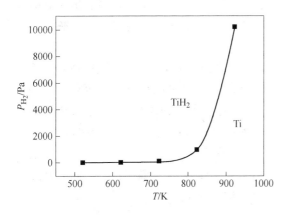 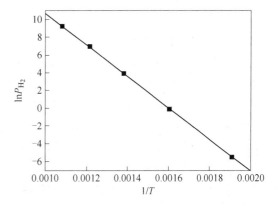

图 8-16 氢化钛脱氢时反应平衡图　　　图 8-17 TiH_2 分解时 $\ln P_{H_2}$ 与 $1/T$ 的关系

图 8-18 所示为 TiH_2 粉末 TG-DSC 热分解曲线。由上述计算可见，当温度为 350℃时，烧结炉中的氢气分压必须小于 0.92Pa 反应才能进行，当温度为 450℃时，氢气分压必须小于 48Pa 反应才能进行，当温度为 650℃时，氢气分压只要小于 1.0×10^4Pa 分解反应就可以进行。随着温度的升高，氢气分压大于 1.0×10^4Pa 时反应也可进行，但考虑 Ti 对气氛中的 C、N 和 O 等元素很敏感，因此在保证反应能进行的同时，还必须保证较高的真空度。

B 脱氢工艺

从图 8-18 中可以看出，温度低于 450℃时，试样质量基本保持不变，高于此温度时，发生明显的失重，氢化钛 TG 曲线失重量为 3.06% 左右，对应的脱氢反应发生在 450～650℃的温度范围；随着温度升高，TG 曲线稍微有上升的趋势，这是由于氢化钛分解后生

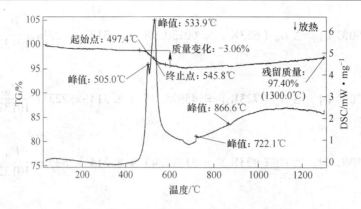

图 8-18　TiH$_2$ 粉末 TG-DSC 热分解曲线

成的钛稍微被氧化所引起的。从 DSC 曲线可以看出，TiH$_2$ 的分解有两个明显的吸热峰，表明分解过程发生了两次相转变，即氢化钛的分步分解，TiH$_2$→TiH$_X$→Ti(H)，第一个峰对应的温度为 500℃，第二个峰对应的温度为 530℃左右，在峰值温度时，分解反应最激烈。V. Bhosle 等对 TiH$_2$ 的脱氢规律进行了研究，确定 TiH$_2$ 的脱氢分为两步进行，即 TiH$_2$→TiH$_X$→α-Ti，其中 0.7 < X < 1.1，722℃时也出现一个小的吸热峰，可能是固溶态氢的脱除，866℃出现的吸热峰对应 Ti 的 α→β 相转变温度。

　　由于钛对氢很敏感，如果最终烧结样中的氢含量超出了标准范围，则容易出现氢脆现象，对合金的性能产生不利影响，因此，如何将烧结样的氢含量尽可能降低，与脱氢－烧结工艺的确定紧密相关。

　　根据以上脱氢规律的分析，由 TiH$_2$ 粉末 TG-DSC 热分解曲线，TiH$_2$ 粉在 450 ~ 700℃温度范围脱氢效果较明显。从不同温度的低温脱氢规律试验可以得到，温度低于 650℃时，脱氢量随温度升高迅速增大；温度为 650℃时，失重率达到 3.572%（理论含氢量为 4.01%）；温度高于 650℃时，曲线趋于平缓，升高温度脱氢量变化不大，表明氢化物中的氢已基本脱除完全。因此，选择的 TiH$_2$ 脱氢工艺为在 650℃保温 1h 对 TiH$_2$ 进行脱氢。

　　将一定质量的氢化钛粉装入脱氢炉（图 8-19(a)）中，对氢化罐抽真空，同时升温至脱氢温度进行脱氢，脱氢钛粉出炉实物图如图 8-19(b) 所示。

(a)　　　　　　　　　　　　　　　　(b)

图 8-19　脱氢炉与脱氢钛粉出炉实物
(a) 脱氢炉；(b) 脱氢钛粉出炉实物

脱氢工艺参数见表8-5，脱氢钛粉XRD物相检测如图8-20所示，化学成分见表8-6、表8-7。

表8-5 脱氢工艺参数

装炉料/kg	脱氢温度/℃	脱氢时间/h	脱氢结束真空度/Pa
49.6	750	11	—
30	750	12	—
30	500	19	—
30	650	20	1.9
31.75	680	20	18

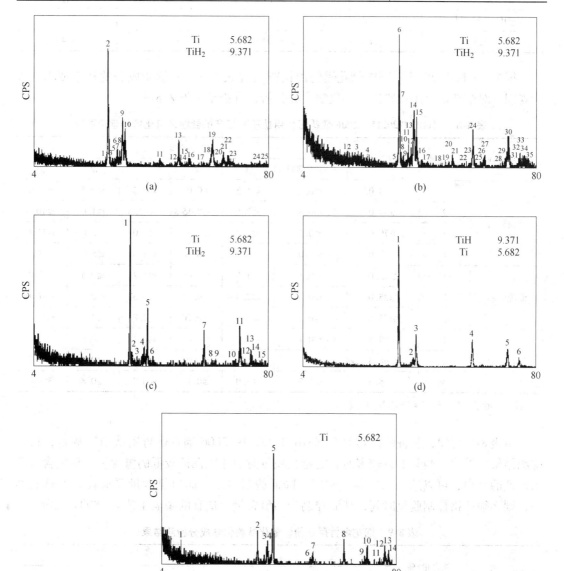

图8-20 不同脱氢钛粉的XRD检测结果

(a) 750℃, 11h; (b) 750℃, 12h; (c) 500℃, 19h; (d) 650℃, 20h; (e) 680℃, 20h

表 8-6　不同氢化－脱氢工艺下制备的氢化钛粉及钛粉化学成分

编　号	化学成分/%						
	Ti	Fe	Si	Cl	Mn	Mg	Ni
TiH$_2$－325 目	余量	0.446	0.022	0.042	0.012	0.043	0.066
650Ti－325 目	余量	0.467	0.026	0.045	0.012	0.042	0.059
500Ti	余量	0.332	0.027	0.058	0.012	0.055	0.062

表 8-7　－325 目民用氢化钛粉及钛粉 O、C、N、H 含量

编　号	化学成分/%			
	O	C	N	H
TiH$_2$－325 目	0.48	0.043	0.37	3.40
Ti－325 目	0.86	0.048	0.42	0.49

　　根据《GB/T 20211—2006 烟花爆竹用钛粉》(见表 8-8) 对钛粉成分的技术要求、检验规则，对烟花爆竹用钛粉进行了化学成分分析，分析结果见表 8-9。

表 8-8　《GB/T 20211—2006 烟花爆竹用钛粉》规定的钛粉及氢化钛粉理化要求

产品类别	级 别	钛含量/%	杂质含量/%					
			三酸不溶物	铁	铜	锰	铬	铝
金属钛粉	1	≥90.0	≤0.1	≤1.5	≤0.08	≤0.2	≤0.5	≤5.0
	2	≥80.0	≤0.3	≤2.5	≤0.15	≤0.5	≤1.0	≤10.0
	3	≥70.0	≤0.5	≤4.0	≤0.30	≤1.0	≤3.0	≤15.0
	4	≥60.0	≤1.0	≤6.0	≤0.50	≤2.0	≤5.0	≤20.0
海绵钛粉	1	≥95.0	≤0.1	≤1.5	≤0.08	≤0.2	≤0.5	≤2.0
	2	≥85.0	≤0.3	≤2.5	≤0.12	≤0.5	≤0.8	≤10.0
	3	≥75.0	≤0.5	≤3.0	≤0.20	≤0.8	≤2.0	≤15.0
氢化钛粉	1	≥99.5	≤0.1	≤0.2	≤0.05	≤0.1	≤0.3	≤0.4
	2	≥98.5	≤0.2	≤0.5	≤0.08	≤0.3	≤0.5	≤1.0
	3	≥95.5	≤0.3	≤1.0	≤0.12	≤0.5	≤0.8	≤3.0

注：三酸不溶物中的三酸指硫酸、盐酸、硝酸，其比例为 4:3:1。

　　由表 8-9 可知，制备的钛粉符合《GB/T 20211—2006 烟花爆竹用钛粉》规定，根据检测结果可看出，当装炉料较多时，需延长脱氢时间才能保证较低的氢含量，对氢含量要求较低的客户，可以适当缩短脱氢时间、降低脱氢温度，而对氢含量要求较为严格的客户，则必须严格控制脱氢时间，从而控制产品氢含量，适宜的脱氢工艺为 680℃，20h。

表 8-9　烟花爆竹用钛粉、氢化钛粉化学成分检测结果

类　别	钛含量/%	杂质含量/%					
		三酸不溶物	铁	铜	锰	铬	铝
金属钛粉	≥90.0	<0.09	0.467	0.018	0.012	0.011	0.012
氢化钛粉	≥98.5	0.048	0.446	0.020	0.012	0.074	0.008

8.3.3 氢化脱氢法生产设备

氢化脱氢法生产系统包括氢化脱氢主体设施、破碎分级系统、氢化钛粉配套供气系统、检测包装设施、工辅设施四部分。

8.3.3.1 氢化脱氢主体设备

氢化脱氢主体设施包括钛粉反应供热炉系统、反应罐、设备连接电缆及测温热电偶、真空系统、电气控制系统，见表8-10。

表8-10 氢化脱氢主体设备

设 备 名 称	规 格	单 位	数 量
钛粉反应供热炉系统	炉腔 $\phi900mm \times 1000mm$	台	2
反应罐	$\phi380mm \times 1500mm$	台	6
管道配件		套	6
安全阀门		支	6
设备连接电缆及测温热电偶		套	1
真空系统		套	1
电气控制系统		套	1

8.3.3.2 破碎分级系统

破碎分级系统包括锤片式万能粉碎机、冲击磨、高品质极细气流破碎机、振动筛，见表8-11。

表8-11 氢化脱氢主要破碎设备

设备名称	型 号	数量	材质	进料粒度	出料粒度	生产能力 /kg·h^{-1}	装机功率 /kW
剪切式粉碎系统	JZJ-100	1	碳钢	10～30mm	3～5mm	约30	约3
冲击式分级粉碎机	JZC-100	1	不锈钢	5mm	150～180μm	约15～30	约16
惰性气体保护流化床气流粉碎机	JZDBL-100	1	不锈钢	150～180μm	10～100μm	5～15	约1.5
	空气压缩机组（双螺杆式）	1	标配	流量：3.6m³/min 压力：0.8MPa/cm²	约20		

氢化钛粉生产线设备工艺流程如图8-21所示。

8.3.3.3 配套供气系统

氢化钛粉配套供气系统包括16瓶式氢气集装格、2头集装格、汇流排、安全阀、截止阀、单向阀、氢气阻火器、氢气压力表、氢气测报仪，主要设备见表8-12。

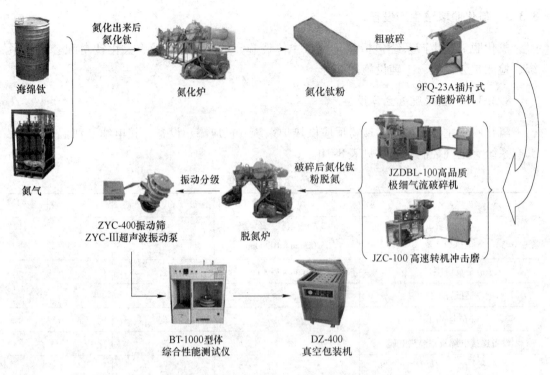

图 8-21　氢化钛粉中试生产线设备工艺流程

表 8-12　氢化钛粉配套供气系统

设 备 名 称	规　　格	型号及材质	单　位	数　量
16 瓶式氢气集装格	尺寸：1010mm×970mm×1840mm（长×宽×高） 工作压力：15.0MPa 储存容积（标态）：82m³	外表镀锌	台	8
	气瓶规格：40L 气体压力：14±0.5MPa 气体体积：5.5~6m³	碳钢	只	128
2 头集装格汇流排	工作压力：P_1 =15.0MPa P_2 =0.2~0.3MPa		台	1
不锈钢管	ϕ27mm×3.0mm ϕ22mm×3.0mm	0Cr18Ni9Ti	米	50
安全阀	焊接 $P_排$ =0.33MPa		只	2
截止阀	DN20 PN1.6MPa（介质：氢气）	304	只	1
	DN15 PN1.6MPa（介质：氢气）	304	只	4
单向阀	DN20 PN1.6（介质：氢气）	304	只	1
氢气阻火器	焊接		只	2
氢气压力表	量程 0.2~0.3MPa		只	2
氢气测报仪			台	2

8.3.3.4　检测系统

检测系统包括包装设施、综合性能测试仪、真空手套箱、球磨机、真空包装机。

8.3.3.5　检测系统

公辅设施包括电气及通信系统、自动化控制及仪表系统、给排水系统、通风防爆系统、消防设施、机修设施、仓储设施。

8.4　氢化合金粉末制备

8.4.1　氢化铌及氢化锆制备工艺

通过 TG-DSC 热重差热（图 8-22）对市场上的 NbH、ZrH_2 粉进行脱氢温度分析，根据其脱氢性质合理选择 Nb、Zr 氢化温度。

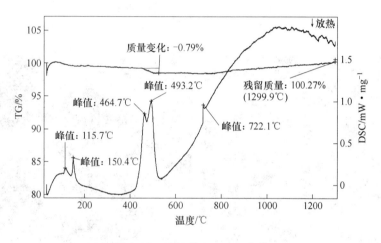

图 8-22　NbH 粉 DTA-TG 曲线

从图 8-22 中可以看出，氢化铌 TG 曲线失重量为 0.79%，对应的脱氢反应发生在 400~530℃的温度范围内，随着温度升高，氢化铌分解生成的铌被氧化，质量反而增大，TG 曲线有所上升。从 DSC 曲线也可以看出氢化铌的分解也存在两个明显的吸热峰，表明分解过程发生了两次相转变。所以脱氢过程分两步进行，在 460℃左右发生了第一步脱氢反应，在 490℃时发生第二步脱氢过程。在吸热峰值对应的温度下反应最激烈，150℃对应氢化铌的正交晶系向体心立方晶系转变温度，722℃时可能是固溶态氢的脱除引起的吸热峰。根据 NbH 粉的差热分析，当温度为 460℃时，氢化铌开始发生脱氢现象，因此 Nb 粉的氢化温度需小于 460℃。

图 8-23 所示是 ZrH_2 粉的 DTA-TG 曲线。从图中可以看出，温度低于 650℃时，ZrH_2 质量基本保持不变，高于此温度发生明显的失重，氢化锆 TG 曲线失重量约为 0.22%，对应的脱氢反应发生在 650~800℃温度范围内。从 DSC 曲线可以看出，氢化锆的分解有两个明显的吸热峰，在 700℃附近分解反应最激烈，722℃时也出现了一个小的吸热峰，可

能是固溶态氢的脱除。根据 ZrH_2 粉的差热分析，当温度达到 650℃，氢化锆开始发生脱氢现象，因此 Zr 粉的氢化温度需小于 650℃。

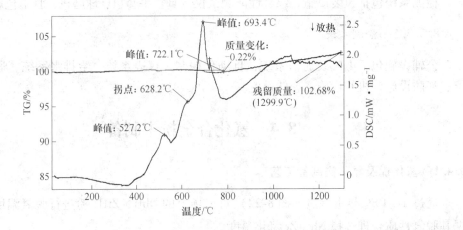

图 8-23　ZrH_2 粉 DTA-TG 曲线

图 8-24　NbH 粉末的 SEM 形貌图

以外购的铌、锆车屑为原料，通过氢化及高能球磨，制备 NbH、ZrH₂ 粉，在对 NbH、ZrH₂ 差热分析的基础上，结合氢化钛粉制备工艺，成功制备出 NbH、ZrH₂ 粉，确定了适宜的 Nb、Zr 氢化工艺条件。Nb 氢化工艺条件为：氢化温度 750 ~ 780℃，氢气压力 0.1 ~ 0.12MPa，氢化时间 4 ~ 6h。锆氢化工艺条件为：氢化温度 750 ~ 780℃，氢气压力 0.1 ~ 0.12MPa，氢化时间 4 ~ 6h。相关特性如图 8-24 ~ 图 8-29 所示。

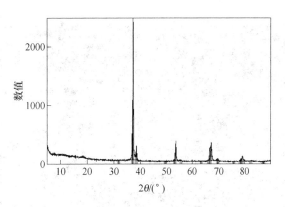

图 8-25　NbH 粉末的 XRD 检测结果

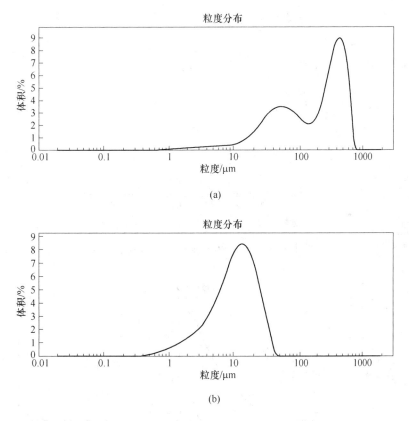

(a)

(b)

图 8-26　不同粗细 NbH 粉末的粒度分布图

（a）-60 目的 NbH 粉末；（b）-500 目的 NbH 粉末

8.4.2　Ti-13Nb-13Zr 氢化合金粉制备工艺

Ti-13Nb-13Zr（质量分数,%）合金的名义成分配比为：Ti 74%，Nb 13%，Zr 13%，按合金质量配比称取钛、铌、锆粉末，在氩气保护条件下混合均匀，在氢化温度 750 ~ 780℃，氢气压力 0.1 ~ 0.12MPa，氢化时间 4 ~ 6h 的工艺条件下氢化，并在惰性气氛下球

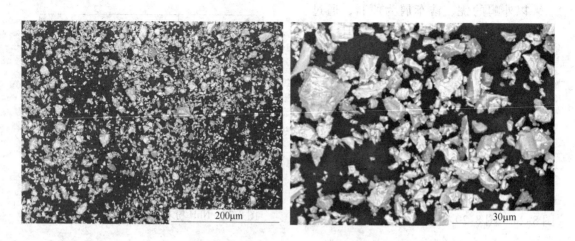

图 8-27 ZrH₂ 粉末的 SEM 形貌图

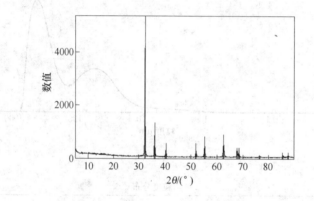

图 8-28 ZrH₂ 粉末的 XRD 检测结果

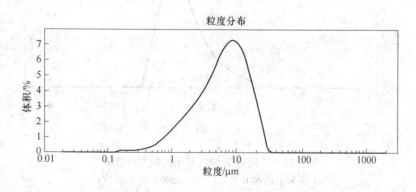

图 8-29 ZrH₂ 粉末的粒度分布图

磨破碎，获得 Ti-13Nb-13Zr 氢化合金粉，相关性能如图 8-30 ~ 图 8-32 所示。

采用冷等静压机在 280MPa 条件下压制成型，采用电子探针面扫描功能，对冷等静压成型的混合粉末压坯进行观察，如图 8-33 所示（原始 NbH 粉末颗粒最大为 80μm 左右）。从图中可以看出，Nb 粉和 Zr 粉的颗粒分布比较均匀，但 Nb 粉颗粒较大，粉末基本混合均匀。

　　压坯的 BSE 形貌如图 8-34 所示，压坯的 Ti、Nb、Zr 元素含量半定量分析（EDS）如图 8-35 所示。从图中可以看出，粉末混合均匀，氢化铌和氢化锆均匀地分布在氢化钛及压坯中存在的空隙，从元素分布和含量分析可以看出粉末混合较均匀。

图 8-30　氢化 Ti-13Nb-13Zr 合金粉末的 SEM 形貌图

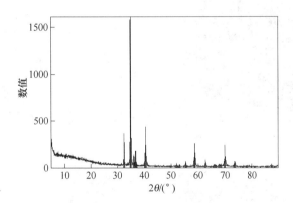

图 8-31　氢化 Ti-13Nb-13Zr 合金粉末的 XRD 检测结果

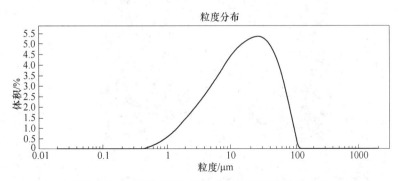

图 8-32　氢化 Ti-13Nb-13Zr 合金粉末的粒度分布图

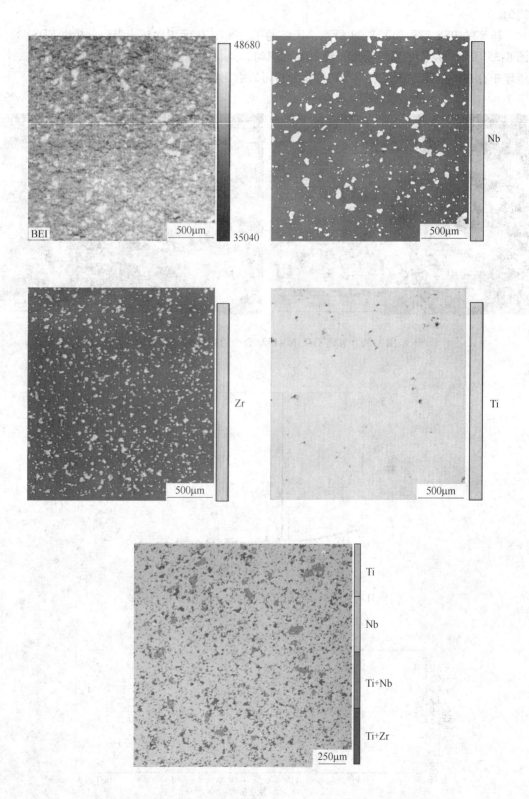

图 8-33　TiH_2、NbH 和 ZrH_2 混合粉末压坯电子探针面扫描元素分布

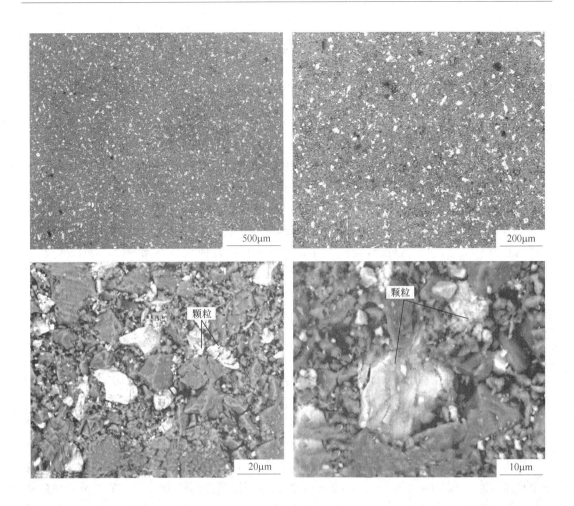

图 8-34 背散射电子成像形貌图

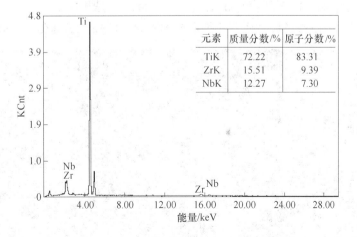

元素	质量分数/%	原子分数/%
TiK	72.22	83.31
ZrK	15.51	9.39
NbK	12.27	7.30

图 8-35 压坯的 Ti、Nb、Zr 元素含量半定量分析（EDS）

8.5　钛与钛合金加工及检测新技术

8.5.1　摩擦搅拌处理

　　铸造 α + β 合金，如 Ti-6Al-4V 的局限之一是它与完全片状铸造结构有关的相对较低的疲劳强度，要调整这种结构以提高疲劳强度，需要通过改变微观结构来缩短层状晶团组织的滑移长度，其方法之一就是热处理，通过热处理获得双层状结构。在大型铸件中，生成这种结构所需的冷却速率也可能由于热应力而导致材料发生畸变，另外一个可能的方法是在应力最高因而形成疲劳断裂可能性最大的区域，采用摩擦搅拌处理（FSP）来选择性地改变表面的微观结构。通过 FSP 也可以改变表面区域的微观结构，FSP 类似于摩擦搅拌焊接（FSW）工艺，只不过没有焊接工序，并且工具的几何细节不同。FSP 与 FSW 工艺均采用旋转工具，将能量以热和局部塑变的形式引入工件。

　　关于 FSP 铸造 Ti-6Al-4V 合金的初步可行性研究表明，完全的层状结构可以转变成晶粒非常细的等轴晶微观结构。FSP 给材料足够的能量，使完全为层状的初始结构进行再结晶，所得到的结构具有极细颗粒的等轴晶 α + β 结构，其初晶直径是 $1 \sim 2\mu m$，α + β 合金的强度大部分来自边缘强度，因此，预想的这种结构的屈服应力，除非有大量的微观结构出现，否则比之前的层状结构要高得多。为检测这一点，对细晶结构做了取向成像分析，可以确定的是这种细晶结构本质上与微观结构无关。

　　工具在铸件表面下的渗透深度主要取决于各种工艺参数，例如下压力和转速，但一般都只能渗透几毫米。一个经过 FSP 处理的铸片典型宏观侵蚀面如图 8-36 所示，搅拌区域的深度大约为 2.5mm，这使得细颗粒范围的屈服应力测试具有试验挑战性，因为大多数测量技术要求大批量的材料，这样做的一个方法是利用聚焦离子束设备，在细颗粒和金属基体间建立微型压缩试样（支柱）进行直接比较。由于支柱高度小于搅拌范围，故只能测量细颗粒的抗压强度。这些测量表明，搅拌区域的屈服强度比金属基体的屈服强度大约高 35%。由于钛合金的 HCF 强度与屈服应力一般情况下是相同的，因此，希望通过 FSP 在细颗粒上形成的表面层来提高疲劳断裂形成的阻力。此外，一旦在表面形成裂纹，由于

图 8-36　含搅拌摩擦加工的铸造平面宏观腐蚀区域图像

金属基体的粗大层状结构具有良好的疲劳裂纹扩展阻力，重要的是关于疲劳行为预测的试验验证，相关的测试正在进行之中。

其他能够影响全层状铸态微观组织性能的是 α 晶界，例子如图 8-37 所示，在搅拌区域里的任何 α 晶界都转换为一个等轴结构，在图 8-37 中，α 晶界层在搅拌区终止。由于大型锻造合金中难以避免形成 α 晶界，这些发现可以用来提高大型锻造 β 合金的抗疲劳性。α 晶界对 β 合金的疲劳和延展性是有害的，因此锻造后能够消除表面 α 晶界，这对延长材料高性能应用中的疲劳寿命是有益的。

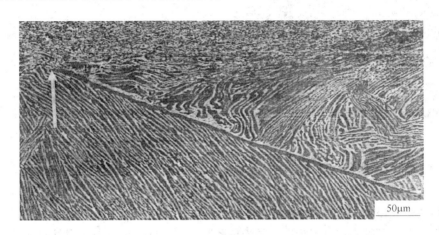

图 8-37　FSP 消除完全层状结构中 α 晶界的显微照片（SEM，BSE）

对钛合金的 FSW 或者 FSP，有许多与工具材料相关的问题，需要的工具应在使用过程中不磨损，在焊接过程中不沉积磨损残片，保持金属基体干净。即使在静态暴露期间，如扩散黏结下，铁基材料和热钛合金间的相互作用都是有据可查的。镍与钛形成低熔点共晶合金，故镍基合金也是不可行的，因此，基本上就只有难熔金属和陶瓷材料合适了，如碳化硅和氮化硼，但这两者都是脆性材料。目前使用的钨－稀土合金也许是现有高熔点合金中最有可能的材料，因为它具有高温强度和高温硬度，在加工中具有抗磨损性和抗变形性，但是，W 是一种有效的 β 相稳定剂，并不希望在钛转子级合金中出现 W 和 WC。尽管钨－稀土工具看起来在加工过程中性能优良，但通过对加工区域详细的金相检测显示，β 条纹缺陷中含有少量的磨损残片钨，这些残片镶嵌在搅拌区域里，条纹缺陷大，长约 2.5mm，部分条纹缺陷如图 8-38(a) 所示，其中一些粒子和富含 W 的 β 区域背散射电子扫描如图 8-38(b) 所示。能量分散 X 射线分析证明，亮度低的颗粒为 W。由于 W 在钛中的扩散很慢，因而在低温应用领域，这些小的富 W 杂质也许是有益的，但是，如果被搅拌摩擦加工或搅拌摩擦焊接的材料以返料（碎片）的形式进入新锭，就成为一个潜在的钨污染源了。钛的 FSP 和 FSW 在目前还是试验期，能否获得应用还需继续努力。

8.5.2　低塑性抛光

表面处理，如喷射硬化（SP）和激光冲击处理，其主要优点是在材料的表面传递残余压应力，阻止疲劳裂纹产生。大量的数据表明，SP 和 LSP 对疲劳行为有很好的抑制作用。目前，在材料表面产生残余压应力的可替代工艺已有报道并申请了专利，这种方法称

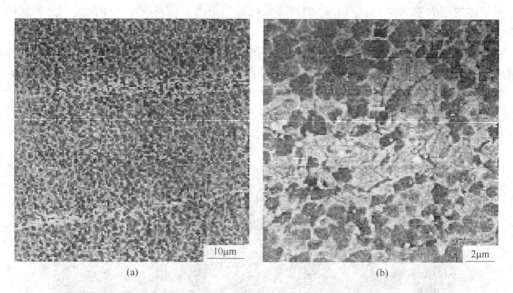

图 8-38   FSP 镶嵌在材料中的 W 工具颗粒显微图片（SEM，BSE）
（a）低倍率下的富钨条纹区；（b）高倍率下含钨颗粒的条纹形貌

为低塑性抛光（LPB）。即使用淬火钢球在材料表面发生塑性变形，钢球安装在夹具上，在恒力作用下球可以旋转，因为有一层液体薄膜，可以防止钢球与夹具接触，装有钢球的夹具安装在计算机数控（CNC）机床上，设定模式下，钢球滚过材料表面时可以指引钢球，在法向力作用下，可以在数控机床上设定模式和编程，分别控制变形的表面状态及变形程度。夹有钢球的夹具如图 8-39 所示，夹具安装在数控机床上的照片如图 8-40 所示。由于钢球在接触时会滚动，因而可以避免由于滑动或打滑造成的表面损害。此外，LPB 的优点是能通过钢球的滚动来平滑表面，似乎非常粗糙的表面对 LPB 是不合适的，因为有产生折皮的危险，这对疲劳性能具有实质性的危害。

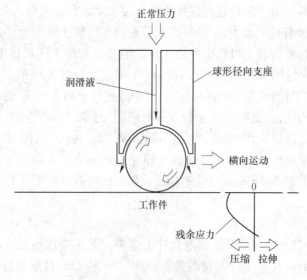

图 8-39   含载球的低塑性磨光器（LPB）示意图

图 8-40 安装在数控机床上的夹具和工件（图示为疲劳试样）照片

还可以采用包含两个对置球的钳形工具来处理薄的工件，例如风扇的前边沿和飞机发动机的气压机叶片，这种双侧工具通过两个表面的同时变形增加了生产率并减少了畸变。

与 LSP 或 SP 相比，LPB 的优点是较高残余压应力的深度更大和塑性变形量更小。然而，这些说法似乎不符合基本的力学分析结果。力学分析结果表明，剩余的（弹性）压应力随着塑性变形的增大而增高，如此，则塑性变形小的好处是残余应力更能抑制热回复，在高温下更稳定。仅对使用温度而言，这一优点对镍基合金零件比对钛合金也许更有利，已用 X 射线衍射，包括线拓展测试，对残余应力的量和经 SP、LSP 和 LPB 处理后的应变百分数进行了测定，残余应力测定结果如图 8-41 所示。结果是 PB 处理后残余压应力的深度和宽度是最大的，而冷加工时是最低的，冷变形测量通过轴对称压缩柱体变形来矫正。显然，滚球下的应变状态是典型的非线性接触，完全不同于轴对称压缩，因此，塑性应变定量测量是不可靠的，但适合 SP、LSP 和 LPB 之间的定性比较。对于 LPB，由于非线性接触，一个相关的也许更重要的问题是滚球下应变的不规则状态，SP 也存在类似的问题，但这可以通过多次覆盖表面进行控制，例如 200% 的覆盖率是标准的做法。

已经证明，采用 LPB 在任何情况下都可传递高的残余压应力，提高疲劳寿命，如图 8-42 所示。需要注意的是，在使用过程中由于机械损害而引入人为的刻痕时，能够产生较深压应力场的表面处理方法（LSP 和 LPB）对提高疲劳断裂阻力特别有利，这是因为较深的压应力分布能够抵消在刻痕底部的张力场；相反，SP 产生的压力场较浅，甚至没有较小刻痕产生的集中张力场深。

LPB 比 LSP 便宜，采用 LPB 的成本低于 LSP，但 CNC 机器需要准确地沿工件表面传递均匀的压应力，而且，为了在 Z 方向获得一个恒定的正常力，球体需通过编程沿工件表面精确地运行，目前，能否使 LPB 的优越性最大程度体现尚不清楚。例如，如果要求

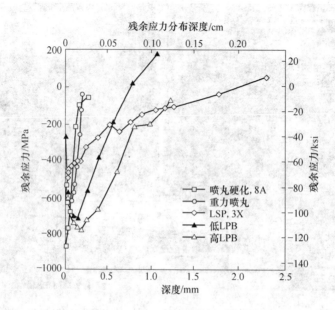

图 8-41　SP、LSP 和 LPB 加工后 Ti-6Al-4V 合金的残余应力与深度的关系
（由 AFRL 代盾公司的 P. R. Smith 提供）

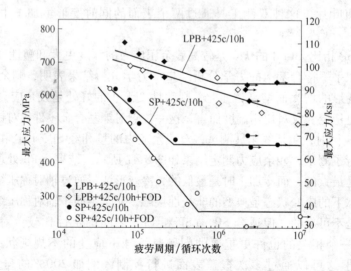

图 8-42　Ti-6Al-4V 经 SP 和 LPB 处理后的 S-N 曲线，表明经 LPB 模拟
损伤后在 250μm 深处有较高的耐受性
（由 AFRL 代盾公司 P. R. Smith 提供）

的精度超过了部件的尺寸变化范围，那么调试将变得耗时、费力并且成本昂贵。这个问题可以通过使用 CNC 机器，在 Z 方向上负载控制状态下的操作来解决，但是这种机器更加昂贵，这会增加 LPB 的投资成本，而采用 SP 或 LSP 就不存在类似问题。在 LSP 中，存在一个覆盖度问题，这是为了保证整个表面都被覆盖，由于激光可以在一个较长工作距离内耦合工件，故不存在相应的 Z 方向问题。

　　总体上讲，LBP 是可将残余压应力传送至有限疲劳部件表面的表面处理方法之一。表面处理的好处是显而易见的，但目前，LPB 和 LSP 相对的优点并不像报道声称的那么多，相对于 SP、LSP 和 LPB 在处理更深、更高级别的压应力时有其优势，为了使部件达到一个可接受的寿命，除局部环境需要外，现行的设计在表面处理方法的效果上均未考虑疲劳寿命额度，通行的是设计时为改善疲劳寿命留有余地，用 LSB 和 LPB 的优势来作为抵御外来物损伤（FOD）导致的过早开裂。

8.5.3 聚焦离子束仪的应用

聚焦离子束仪的开发起初是用于半导体工业，它是一种材料分析设备，允许同时对样品进行成像和选择性除去杂质，例如，用于显示缺陷或是值得关注的其他区域，以便详细地检测或表征。这种仪器起初是用来选择性地检测材料中浓度很低的缺陷，这些样品用通常的薄膜制备方法是无法制备的，最近发现，这种仪器用来检测具有非均相微结构的金属尤其有用。

目前，聚焦离子束已经进一步发展，成像能力与现代扫描电镜相当，像扫描电镜一样，一台聚焦离子束仪也具有两个镜筒，一个用于产生离子束并使之聚焦，另一个用于产生电子束并使之聚焦。在电子成像模式下，可以获得整个范围的图像，即二次电子图像、背散射电子图像和使用仪器的电子背散射衍射成像能力的定向图像。现代双束离子束仪如图 8-43 所示，这种仪器的示意图如图 8-44 所示，它包括了离子束和电子束源以及二次电子检测器，这种仪器可用于以下各个方面：

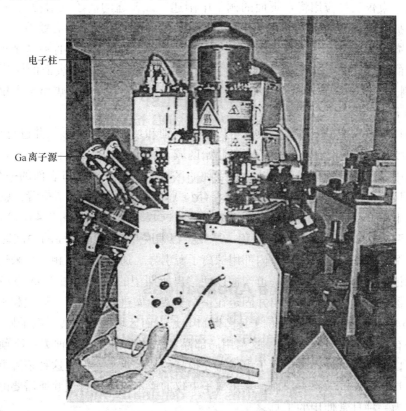

图 8-43　双束聚焦离子束仪照片

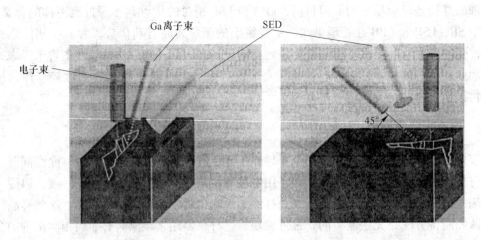

图 8-44　聚焦离子束仪中电子束和 Ga 离子束以及二次电子探测器的相对位置简图

（1）用离子束的精确切割力来切割裂口或其他部位附近的材料，以便在透射电子显微镜下进行详细分析。

（2）连续地移动材料可以获得一个像 SEM 图像一样的立体微观结构图像。

（3）用精确切割能力在给定的位置制备出很小的挤压测试柱，随后对这些测试柱进行挤压测试以衡量它们的强度。

聚焦离子束仪三种应用将在下面的例子中阐述。最普通的离子发射源之一是 Ga，因为这些离子拥有足够的动能，可以以一种可接受的速率从金属式样中有效地除去材料，从透射电子显微镜的检查来看，有一些受到破坏的残余离子，这使得图像有些杂色，但图像主体是悦目的，这并非是一个严重的技术局限。对研究对象是自由表面的应用，需要在 Ga 离子切割开始前在样品表面原位沉积一层薄的 Pt 保护层。说明聚焦离子束仪应用的最有效实例如下。

带有扫描电镜功能的聚焦离子束仪可以用来识别和切割特殊的形貌并进行详细分析，这个例子是要理解恰好位于一个疲劳断口起始区域下面的材料的变形行为，为此，采用聚焦离子束仪中的扫描电镜模式确定一个感兴趣的区域，例如疲劳断口表面的一个小刻面，形成一幅断口表面的二次电子图像，如图 8-45（a）所示，一旦确定了位置，就在即将切割作为透射电镜样品的位置上用离子源标上 X-X，这两个 X 标记在图 8-45（a）中也可看出，然后沿两个 X 标记之间的路径沉积一层铂，以避免断口表面下面的中间区域受到离子的损伤。沉积是在聚焦离子束仪内部用镓离子源引导、通过物理气相沉积来进行的，接下来，在标记区域的每一侧铣出一道沟槽以便移出所期望的样品（图 8-45（b））。用一种特殊的操作器将制作的薄样品取出并固定在一个支架上做进一步的离子抛光和透射电镜检测，图 8-46 中的明亮区域是直接位于疲劳断口起点下面区域的扫描透射电子显微镜图像，这个区域含有高密度的 $c+a$ 位错，这与用局部晶粒晶体取向和荷载轴关系所预期的结果是一致的。目前，虽然操作聚焦离子束仪需要很高的技术水平，但是这种装置可以使如上所述的观察具有较高的效率。然而，聚焦离子束仪的成本以及进行试验所需的时间都不可能使其成为一种日常使用的工具。

聚焦离子束仪的切割功能也可以作为材料平面除去装置，有序地揭示三维微观几何构

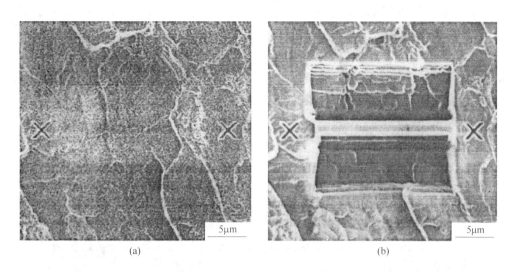

(a)   (b)

图 8-45　使用聚焦离子束仪获得的位于断裂表面下方的 TEM 薄片实例

（a）二次电子图像示出感兴趣区域并对欲移取薄片的位置作 X-X 标记；
（b）二次电子图像示出用 Ga 离子铣出的沟槽，使得期望的 X-X 片段得以移出

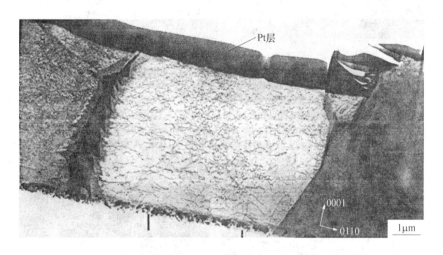

图 8-46　正好位于断裂表面下方区域的扫描透射电子显微镜图像（STEM）

型。有时三维微观几何构型显示的信息是非常有用的。过去，应用光学金相连续切片技术获得这些信息是很费劲的。聚焦离子束仪的另外一个优点是取向成像电子显微术（OIM），它可以在每一个切片上完成并且产生了一个 3D 图像。在这两种情况下，需要一种连接有序的平面图像以形成三维图像的方法，应用数码图像可做到这一点，因为这些图像可用专门软件在计算机上进行操作。制作材料三维显微图像的过程如下：首先，选择一个需要的区域并且把样品放置在聚焦离子束仪里，用离子切割方法将一个平面区域从材料中铣削出来，对样品进行编号并成像（二次电子像或背散射电子像），或者得到一系列的电子背散射衍射（EBSD）图像，以制作一幅取向成像显微镜图像，这种图像的例子如图 8-47（a）所示。当用离子切割方法移除另外的材料时，又可获得另外一幅图像，如此重复，直到到

达所期望的垂直于观察平面的材料深度为止，如此获得的图像如图 8-47(b) 所示，为沿 z 轴方向在空间上相关联的一叠图片，用专用软件可以将这些图片整合成一个微观结构的 3D 图像，如图 8-48 所示。因为是一个数字文档，因此可在计算机上旋转该图像来考察六个面中的任一个，这种获得 3D 微观结构信息的方法不仅劳动强度比多次横剖的方法更小，而且这种方法既能获得 3D 微观结构信息，又能获得取向信息。当然，正如前所提及，聚焦离子束仪的成本及其耗时使其应用非常昂贵，但需要确保万无一失的话，聚焦离子束仪是一个极其强有力的现代表征工具。

 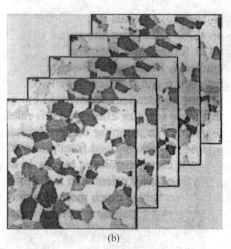

(a)　　　　　　　　　　　　　　　　　(b)

图 8-47　多晶材料经 FIB 多次横剖的 OIM 图像

(a) 单张 OIM 图像；(b) 用于重构 3D 图像的多张 OIM 图像顺序叠置

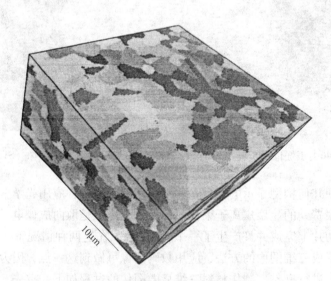

图 8-48　图 8-47(b)的 3D 重构图形

聚焦离子束仪所具有的电镜扫描功能和定向成像显微功能可以用来确定邻近裂缝或是滑移带的不同晶向区域。接下来，聚焦离子束仪能够在需要的方向区域内建立一个非常小的压缩试验柱（称为一个小柱），这个使用聚焦离子束仪微加工能力的例子表明它能够在原位建立非常小的圆柱压缩试样并进行机械测试。一个试验柱的例子如图 8-49 所示，该试验柱的直径不到 20μm，甚至可以制备更小的试样。试验柱使用纳米压痕装置通过钻石压来修正并进行压缩测试，以便达到产生一个作为压缩载荷板平直端的目的。通过微压缩测试这些试验柱所得到的负载对位移作图，曲线如图 8-50 所示。图中，每一条曲线代表具有不同晶向的区域形成的一个试验柱，标记为 a_3 和 a_3 基标的曲线表示在 α + β 之间滑移所在的不同取向。10μm 的 a_3 基标和 20μm 的 a_3 基标的两条曲线表示相同取向但不同直径的试验柱，这些曲线表明尺寸对结果会有影响，但影响相对较小。虽然通过这种方法获得绝对强度值的意义是一个待研究的问题，但是从一定直径的试验柱获得的相对值似乎与宏观压缩的测试结果相一致。在许多实例中，起局部定向作用的流动应力比率是最重要的，并且得到的这些相对值能够提供更加准确的多晶材料变形晶体塑性模型。显然，当聚焦离子束仪所具有的定向成像显微能力被用于配合这种技术时，那么，如钛合金等各向异性材料的流动应力将可被测试，其范围包括不同感兴趣的位置，甚至如一个小裂缝。

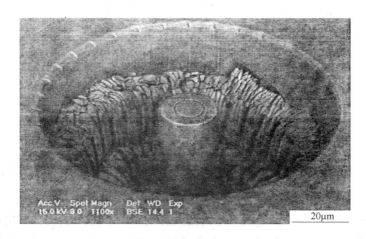

图 8-49　用 FIB 的离子束铣削后制备的小压缩测试柱（直径约 20μm）(SEM)

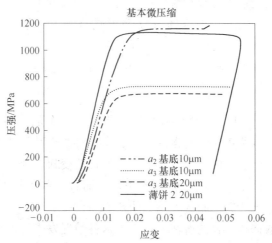

图 8-50　从 4 种具有不同晶向的不同试验柱压力测试获得的应力 - 应变曲线

在材料研究中，聚焦离子束仪（FIB）正成为一种强大的工具，该仪器很昂贵，而且使用此处描述的技术需要相当长的时间，然而，其获取信息的这一能力不能通过其他的任何方式获得。

8.6　用于结构/性能相关性的神经网络

钛合金复杂的微观结构和大量影响微观结构的变量，使得确定性能和微结构之间的定量关系变得很困难并成为一项具有挑战性的任务。利用多元回归分析的试验方法已经成功地发现了一些结构和性能之间的相关性，但这些相关性的准确性有限，因而不能推广。因此，这些相关性受限于基于建立这种关系的数据所限定的范围，也就是说，抛开数据集去推断是不可靠的，并可能导致大的错误。此外，多元回归分析要求用于符合数据的关系形式，必须在本身具有限定性的数据分析之前确定下来，进一步说，这种关系是一个典型的之前应用过的线性关系，根据其定义，这种关系适用于整个数据输入区间，最常见的输入值 x_j 和输出值 y 之间的关系如式（8-1）所示：

$$y = \sum_j w_j x_j + \theta \tag{8-1}$$

式中　　w_j——质量分数；

　　　　θ——常数。

在多元回归分析中，通过每个输入变量和任意常数的权重因素对数据进行拟合，调整这些权重因素直至最适宜，这能最大限度地减小输入数据和预测值之间的平均误差，此时，输出变量（屈服应力、断裂韧性等）变成输入变量加上任意常数的总和。这种方法还可以假定每个输入变量是线性无关的，输入变量之间的相互性可以通过使用一个额外的条件来解决，但它们之间的相互性是任意的。

接下来，Bhadeshia 表示，相对于多元回归方法，由于几个原因，利用神经网络方法有一个明显的提高。神经网络方法克服了先前所述的关于使用多元回归分析遇到的困难，而且它还有更多的优势。神经网络方法也是一种回归方法，但它可以直接处理输入变量之间的相互性，也可以处理输入变量和输出变量之间的非线性关系，用于多元回归分析的方程式（8-1）所表现的输入数据和输出值的关系形式，现在成为：

$$y = w^{(2)} h + \theta^{(2)} \tag{8-2}$$

式（8-1）中的求和项变成双曲正切项（$\tanh$）的自变量：

$$h_i = \tanh\left(\sum_j w_{ij}^{(1)} x_j + \theta_i^{(1)}\right) \tag{8-3}$$

从式（8-3）中可以看出，每个输入数据值仍然是一个加权因子乘以一个任意常数，但这些条件的总和成了双曲正切线的自变量，这个条件由于其灵活性而被使用，也可以沿不同输入变量的空间变化。而曲线的具体形态，通过改变权重因素得以改变。如果输入数据发生非线性变化，可以使用不止一个 $\tanh$ 条件，而且这些条件可以概括，包括 $\tanh$ 函数在内的输入数据和输出数据之间的关系如图 8-51 所示。

神经网络法也有数据超拟合的潜在缺点，当这种情况发生时，没有合理手段来评估输出变量和输入数据之间的不确定性，只有将整个数据集划分为"训练集"和称为测试集

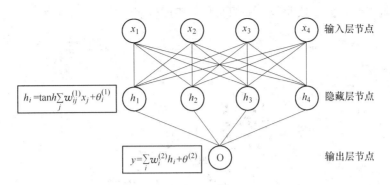

$$h_i = \tanh \sum_j w_{ij}^{(1)} x_j + \theta_i^{(1)}$$

$$y = \sum_i w_i^{(2)} h_i + \theta^{(2)}$$

图 8-51　显示输入变量（x_i）与输出数据之间关系的神经网络示意图

的未知数据集，这样才能避免这种困难。$\tanh$ 的功能最初是利用训练集建立一个模型，然后将该模型应用到未曾见的测试当中以确定拟合的质量，通过模型预测的训练集值和实际值之间的差异值称为训练错误，这些值往往被称为输出值，因为它们都与模型有关。同样地，输出值的预测模型和测试输出值之间的差异被称为测试误差。总的来说，训练误差随着模型复杂程度的增加而变小，模型的复杂程度伴随着训练集正切函数量的增加而增加，但测试误差并不表现出同样的趋势。因此，最好的模型是尽量减少测试误差，因为它也将最准确地代表其他未知的数据，这一优化模型必须是在大量最适合的训练样本数据集的正切函数和避免过度的测试数量函数之间的折中方案，以确定该模型可以做出较小测试错误值的基本预测。

麦凯（MacKay）扩展了包括贝叶斯（Bayyesian）框架的神经式网络法，在这种方法中，使用权重因素的概率分布取代了权重因素的计算单一性，这可使误差的计算反映出拟合参数的不确定性。使用这种方法，预测的不确定性（误差大小）在数据稀少或杂乱的数据输入方面增加了，这不仅是合适的，而且也引起了对某些部分数据的重视，这些部分需要更多或更好的数据以支持更精确的相关性。

模糊逻辑也可用于数据集，以减轻对大量输入数据点的需要，并减少对数据稀少或杂乱的数据输入区进行的错误估计。

Bhadeshia 和他的同伴已经用神经式网络法建立了从钢的贝氏体形成温度到多组分镍基合金的屈服应力的一系列输出变量与包括单个合金元素含量的大量输入变量之间的关系，得到的相关性与物理模型结果非常吻合，该法在利用神经式网络对提供受大量输入值影响的输出值的预测方面取得了成功，结果表明该法是有效且有用的。

神经网络法已用来建立等轴晶粒和片状结构的 Ti-6Al-4V 合金微结构与拉伸性能之间的模型关系。这些研究将若干微观特征当成输入变量，用贝叶斯神经式网络分析和模糊逻辑估计拉伸性能与微结构变化的相关性。作为输入变量的微结构特征，包括 α 板条厚度、α 晶簇比例因子、预 β 晶粒因子和 α 晶簇体积分数。由于所有这些特征在材料中实际上都不可能独立变化，它们在计算模型中也一直是变化的，这就使得需要进行虚拟试验并对拉伸性能与微结构之间的相互关系进行分析，分析所得到的屈服应力和板条厚度的适宜相关性如图 8-52 所示，输入数据如图 8-52（a）所示，神经网络拟合如图 8-52（b）所示。得到的曲线斜率与拉伸性能与微结构变化之间的相关程度有关，应用其他显微结构特征作类似分析，所得斜率远低于该曲线，表明其相关程度较弱。

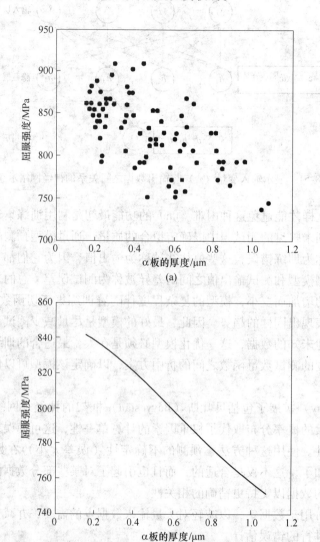

图 8-52　屈服应力与 α 板条厚度的关系

（a）输入数据；（b）利用神经网络分析得到的相关性

　　最后，贝叶斯神经网络被用来关联不同 α 晶簇结构的退火 β Ti-6Al-4V 合金在不同冷却速度下的断裂韧度。最高的冷却速度致使晶簇只在预 β 晶粒周围形成，而六方结构则在晶粒内部形成，使用同一显微结构特点（α 板条厚度、α 晶簇比例因子、预 β 晶粒因子和 α 晶簇体积分数）的材料作为输入数据进行拉伸性能分析，可以看出，拟合的质量取决于数据点的数量和数据点区域的一致性。这个例子说明了允许相关不确定性的贝叶斯神经式网络的优势，同时它也表明，跨越两种类型微结构（方形组织和晶簇）的链集能够预测有重大错误的数值，其分析结果如图 8-53 所示。图 8-53 中，链集和测试集的输入数据都显示出来了，如同错误线所显示的那样，图 8-53（b）也显示了链集及与之相关的由错误线表示的不确定性，图 8-53(b) 也说明了错误线的大小是如何在那些数据稀少或杂乱区域中增加的，此图也表明了跨越两种类型微结构（方形组织和晶团）的链集是如何预测有重大错误的数值，该例清楚地说明与线性回归分析相比，神经网络法的价值，这不仅体现在预测平均误差而且体现在整个区域内，来源于贝叶斯神经网络的该模型可以通过试验测试值来比较预测值，如图 8-54 所示是断裂韧性值，其相关性是相当好的，只有少数的实测值位于 ±5% 的散射带之外。

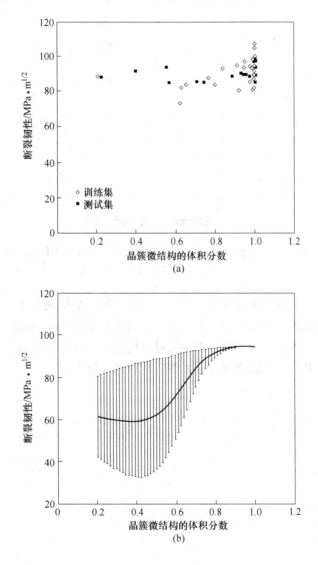

图 8-53 断裂韧性与晶簇微结构体积分数的关系

（a）输入数据；（b）利用神经网络分析得到的相关性

总之，利用贝叶斯神经网络从复杂数据集中获取特征趋势是一种有用的技术。发展以物理学为基础的模型来确定微结构/性质相关性和预测，最终目标是适合且有效的，但这将需要相当长的时间。利用神经网络和相联变动（贝叶斯网络和模糊逻辑）已被证实相

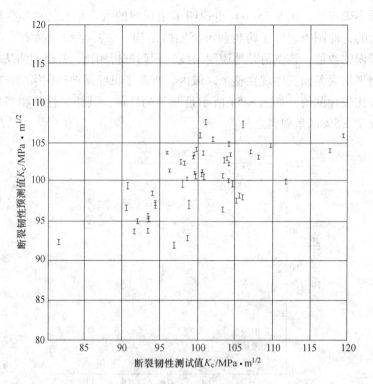

图 8-54　贝叶斯神经网络模型下断裂韧性预测值与测试值之间的比较

（点线；±5% 的散射带）

对于多线性回归分析具有明显的优势。神经网络分析的一个特别有用功能就是能对相关的个体微观特征与特性进行虚拟试验，事实上，它很难甚至不可能在试验中改变单一的微结构参数，因此，这些虚拟试验可以对单一的微结构特征进行独立的分析，在分析一个取决于微观特征主要因素时，可以确定加工方案以优化这一特性。

参 考 文 献

[1] Jaffee R I, Promisel N E. The Science, Technology and Application of Titanium [M]. Oxford, UK: Pergamon Press, 1970.

[2] Jaffee R I, Burte H M. Titanium Science and Technology [M]. New York, USA: Plenum Press, 1973.

[3] Williams J C, Belov A F. Titanium and Titanium Alloys [M]. New York, USA: Plenum Press, 1982.

[4] Kimura H, Izumi O. Titanium'80, Science and Technology [M]. Warrendale, USA: AIME, 1980.

[5] Lütjering G, Zwicker U, Bunk W, eds. Titanium, Science and Technology [M]. Oberursel, Germany: DGM, 1985.

[6] Lacombe P, Tricot R, Beranger G. Sixth Worm Conference on Titanium [M]. Les Ulis, France: Les Editions de Physique, 1988.

[7] Froes F H, Caplan I L. Titanium'92, Science and Technology [M]. Warrendale, USA: TMS, 1993.

[8] Blenkinsop P A, Evans W J, Flower H M, eds. Titanium'95, Science and Technology [M]. Cambridge, UK: The University Press, 1996.

[9] Gorynin I V, Ushkov S S. Titanium'99, Science and Technology [M]. St. Petersburg, Russia: CRISM "Pro- metey", 2000.

[10] Ltitjering G, Albrecht J. Ti- 2003, Science and Technology [M]. Weinheim, Germany: Wiley-VCH, 2004.

[11] Niinomi M, Maruyama K, Ikeda M, et al. Proceedings of the 11th Worm Conference on Titanium [M]. Japan: The Japan Institute of Metals Sendai, 2007.

[12] Bomberger H B, Froes F H, Morton P H. Titanium Technology: Present Status and Future Trends [M]. Dayton, USA: TDA, 1985: 3.

[13] Eylon D, Seagle S R. Titanium'99, Science and Technology [M]. St. Petersburg, Russia: CRISM "Prometey", 2000: 37.

[14] Bania P J. Titanium'92, Science and Technology [M]. Warrendale, USA: TMS, 1993: 2227.

[15] Gorynin I V. Titanium'92, Science and Technology [M]. Warrendale, USA: TMS, 1993: 65.

[16] Combres Y, Champin B. Titanium'95, Science and Technology [M]. Cambridge, UK: The University Press, 1996: 11.

[17] Wilhelm H, Furlan R, Moloney K C. Titanium'95, Science and Technology [M]. Cambridge, UK: The University Press, 1996: 620.

[18] Moriyasu T. Titanium'95, Science and Technology [M]. Cambridge, UK: The University Press, 1996: 21.

[19] Froes F H, Allen P G, Niinomi M. Non-Aerospace Applications of Titanium [M]. Warrendale, USA: TMS, 1998: 3.

[20] Boyer R R. Titanium'95, Science and Technology [M]. Cambridge, UK: The University Press, 1996: 41.

[21] Shira C, Froes F H. Non-Aerospace Application of Titanium [M]. Warrendale, USA: TMS, 1998: 331.

[22] Niinomi M, Kuroda D, Morinaga M, et al. Non-Aerospace Application of Titanium [M]. Warrendale, USA: TMS, 1998: 217.

[23] Crist E, Yu K, Bennett J, et al. Ti-2003, Science and Technology [M]. Weinheim, Germany: Wiley-VCH, 2004: 173.

[24] Kosaka Y, Fanning J C, Fox S P. Ti-2003, Science and Technology [M]. Weinheim, Germany: Wiley-VCH, 2004.

[25] Zarkades A, Larson F R. The Science, Technology and Application of Titanium [M]. Oxford, UK: Perga-

mon Press, 1970: 933.

[26] Conrad H, Doner M, de Meester B. Titanium Science and Technology [M]. New York, USA: Plenum Press, 1973: 969.

[27] Fedotov S G. Titanium Science and Technology [M]. New York, USA: Plenum Press, 1973: 871.

[28] James D W, Moon D M. The Science, Technology and Application of Titanium [M]. Oxford, UK: Pergamon Press, 1970: 767.

[29] Ivasishin O M, Flower H M, Lttjering G. Titanium'99, Science and Technology [M]. St. Petersburg, Russia: CRISM "Prometey", 2000: 77.

[30] Boyer R, Welsch G, Collings E W. Materials Properties Handbook: Titanium Alloys [M]. Materials Park, USA: ASM, 1994.

[31] Paton N E, Williams J C, Rauscher G P. Titanium Science and Technology [M]. New York, USA: Plenum Press, 1973: 1049.

[32] Paton N E, Williams J C. Second International Conference on the Strength of Metals and Alloys [M]. Metals Park, USA: ASM, 1970: 108.

[33] Rosenberg H W. The Science, Technology and Application of Titanium [M]. Oxford, UK: Pergamon Press, 1970: 851.

[34] Baker H. Alloy Phase Diagrams [M]. ASM Handbook, Vol. 3, Park, USA: ASM, Materials, 1992.

[35] Hansen M. Constitution of Binary Alloys [M]. New York, USA: McGraw-Hill, 1958.

[36] Otte H M. The Science, Technology and Application of Titanium [M]. Oxford, UK: Pergamon Press, 1970: 645.

[37] Williams J C. Titanium Science and Technology [M]. New York, USA: Plenum Press, 1973: 1433.

[38] Flower H M, Davis R, West D R F. Titanium and Titanium Alloys [M]. New York, USA: Plenum Press, 1982: 1703.

[39] Benjamin D. Properties and Selection. Stainless Steels, Tool Materials and Special-Purpose Materials [M]. Metals Handbook, 9th edn, Vol. 3, Metals Park, USA: ASM, 1980: 353.

[40] Bdchel J, Hocheid B. Titanium, Science and Technology [M]. Oberursel, Germany: DGM, 1985: 1613.

[41] Pearson W B. Handbook of Lattice Spacings and Structures of Metals and Alloys [M]. Vol. 2, London, UK: Pergamon Press, 1967.

[42] Wagner L, Gregory J K. Beta Titanium in the 1990's [M]. Warrendale, USA: TMS, 1993: 199.

[43] Zwicker U. Titan and Titanlegierungen [M]. Berlin, Germany: Springer-Verlag, 1974: 102.

[44] Schutz R W, Thomas D E. Corrosion [M]. Metals Handbook, 9th edn, Vol. 13, Metals Park, USA: ASM, 1987: 669.

[45] Myers J R, Bomberger H B I, Froes F H. Titanium Technology: Present Status and Future Trends [M]. Dayton, USA: TDA, 1985: 165.

[46] Schutz R W. Titanium'95, Science and Technology [M]. Cambridge, UK: The University Press, 1996: 1860.

[47] Schutz R W. Metallurgy and Technology of Practical Titanium Alloys [M]. Warrendale, USA: TMS, 1994: 295.

[48] Bania P J, Parris W M. Titanium 1990, Products and Applications [M]. Dayton, USA: TDA, 1990: 784.

[49] Leyens C, Peters M, Kaysser W A. Titanium'95, Science and Technology [M]. Cambridge, UK: The University Press, 1996: 1935.

[50] Leyens C. Titan und Titanlegierungen [M]. Oberursel, Germany: DGM, 1996: 139.

[51] Johnson T J, Loretto M H, Kearns M W. Titanium'92, Science and Technology [M]. Warrendale, USA:

TMS, 1993: 2035.

[52] Cobel G, Fisher J, Snyder L E. Titanium'80, Science and Technology [M]. Warrendale, USA: AIME, 1980: 1969.

[53] Rosenberg H W, Green J E. Titanium'92, Science and Technology [M]. Warrendale, USA: TMS, 1993: 2371.

[54] Sears J W, Young J M, Kearns M. Titanium'92, Science and Technology [M]. Warrendale, USA: TMS, 1993: 2293.

[55] Mitchell A. Titanium'98 [M]. Beijing, China: International Academic Publisher, 1990: 91.

[56] Buttrell W H, Shamblen C E. Titanium'95, Science and Technology [M]. Cambridge, UK: The University Press, 1999: 1446.

[57] Adams R T, Rosenberg H W. Titanium and Titanium Alloys [M]. New York, USA: Plenum Press, 1982: 127.

[58] Kuhlmann G W. Forging Titanium Alloys [M]. Metals Handbook, 9th edn, Vol. 14, Metals Park, USA: ASM, 1988: 267.

[59] Eylon D, Froes F H, Gardiner R W. Titanium Technology: Present Status and Future Trends [M]. Dayton, USA: TDA, 1985: 35.

[60] Savage S J, Froes F H. Titanium Technology: Present Status and Future Trends [M]. Dayton, USA: TDA, 1985: 60.

[61] Froes F H, Eylon D. Titanium Technology: Present Status and Future Trends [M]. Dayton, USA: TDA, 1985: 49.

[62] Paton N E, Hamilton C H. Superplastic Forming of Structural Alloys [M]. Warrendale, USA: AIME, 1982.

[63] Mahoney M W. Materials Properties Handbook: Titanium Alloys, Technical Note 5A: Superplastic Forming of Titanium Alloys [M]. Materials Park, USA: ASM, 1994: 1101.

[64] Winkler P J. Sixth Worm Conference on Titanium [M]. Les Ulis, France: Les Editions de Physique, 1988: 1135.

[65] Tisler R J, Lederich R J. Titanium'95, Science and Technology [M]. Cambridge, UK: The University Press, 1996: 596.

[66] Keams W H, ed. Welding Handbook [M]. 7th edn, Vol. 4, Miami, USA: American Welding Society, 1982: 43.

[67] Helm D, Liitjering G. Titanium'99, Science and Technology [M]. St. Petersburg, Russia: CRISM "Prometey", 2000: 1726.

[68] Juhas M C, Viswanathan G B, Fraser H L. Friction Stir Welding [M]. Cambridge, UK: CD-ROM, TWI, 2000.

[69] Wagner L, Liitjering G. Second International Conference on Shot Peening [M]. USA: American Shot Peening Society, 1984: 194.

[70] Niku-Lari A. First International Conference on Shot Peening [M]. Oxford, UK: Pergamon Press, 1981.

[71] Clauer A H, Holbrook J H, Fairand B P. Shock Waves and High-Strain-Rate Phenom-ena in Metals [M]. New York, USA: Plenum Press, 1981: 675.

[72] Clauer A H. Surface Performance of Titanium [M]. Warrendale, USA: TMS, 1996: 217.

[73] Krautkramer J, Krautkramer H. Ultrasonic Testing of Materials [M]. 4th edn, Berlin, Germany: Springer Verlag, 1990.

[74] Mester M L, Mclntire P. Ultrasonic Testing [M]. Nondestructive Testing Handbook, 2nd edn, Vol. 7, Co-

lumbus, USA: ASNT, 1991.

[75] Buck O, Thompson D O, Paton N E, et al. Internal Friction and Ultrasonic Attenuation in Crystalline Solids [M]. Berlin, Germany: Springer Verlag, 1975: 451.

[76] Moyers J C, Seagle S R, Copley D C, et al. Titanium'95, Science and Technology [M]. Cambridge, UK: The University Press, 1996: 1521.

[77] Libby H L. Introduction to Electromagnetic Nondestructive Test Methods [M]. Malabar, USA: Krieger, 1979.

[78] Birks A S, Green R E. Electromagnetic Testing [M]. Nondestructive Testing Handbook, 2nd edn, Vol. 4, Columbus, USA: ASNT, 1986.

[79] Thomas G. Transmission Electron Microscopy of Metals [M]. New York, USA: John Wiley and Sons, 1962.

[80] Cullity B D. Elements of X-Ray Diffraction [M]. 2nd edn. Reading, USA: Addison-Wesley, 1978.

[81] Kocks U F, Tome C N, Wenk H R. Texture and Anisotropy [M]. Cambridge, UK: The University Press, 1998.

[82] Dieter G E. Mechanical Metallurgy [M]. 2nd edn. New York, USA: McGraw-Hill, 1976.

[83] Hertzberg R W. Deformation and Fracture Mechanics of Engineering Materials [M]. 4th edn. New York, USA: John Wiley and Sons, 1996.

[84] Lfitjering G, Gysler A. Titanium Science and Technology [M]. Oberursel, Germany: DGM, 1985: 2065.

[85] Hyodo T, Ichihasi H. Ti-2003, Science and Technology [M]. Weinheim, Germany: Wiley-VCH, 2004: 141.

[86] Ginatta M V. Ti-2003, Science and Technology [M]. Weinheim, Germany: Wiley-VCH, 2004: 237.

[87] Cardarelli F. : World Patent WO 03/046 258 A2, (2003).

[88] Sadoway D. : US Patent 4999 097, (1991).

[89] Suzuki R O. Ti-2003, Science and Technology [M]. Weinheim, Germany: Wiley-VCH, 2004: 245.

[90] Abiko T, Park I, Okabe T H. Ti-2003, Science and Technology [M]. Weinheim, Germany: Wiley-VCH, 2004: 253.

[91] Lienert T J, Jata K V, Wheeler R, et al. Proceedings of the Joining of Advanced and Specialty Materials III [M]. Materials Park, USA: ASM International, 2001: 160.

[92] Prevey P S, Jayaraman N, Cammett J. 9th International Conference on Shot Peening [M]. Noisy-le-Grand, France: IITT-International, 2005: 267.

[93] Gianuzzi L A, Stevie F A. Introduction to Focused Ion Beams [M]. New York, USA: Springer, 2005.

[94] Li Hongmei, Lei Ting, Zhao Jincheng. Production of Ti-13Nb-13Zr alloy by powder metallurgy (PM) via sintering hydrides [J]. Materials and Manufacturing Processes, 2016 (31): 719~724.

[95] 雷霆, 杨晓源, 方树铭. 钛 [M]. 2版. 北京: 冶金工业出版社, 2011: 12.

[96] 李红梅, 雷霆, 张家敏, 等. 氢化钛粉末及压坯的脱氢规律 [J]. 粉末冶金材料科学与工程, 2012, 17 (2): 270~274.

[97] 李红梅, 雷霆, 方树铭, 等. 生物医用钛合金的研究进展 [J]. 金属功能材料, 2011, 18 (2): 70~73.

[98] 李红梅, 雷霆, 房志刚, 等. TiH_2 粉及 TiH_2-6Al-4V 合金粉的模压成型研究 [J]. 功能材料与器件学报, 2011, 17 (1): 58~62.

[99] 李红梅, 雷霆, 房志刚, 等. 高能球磨制备超细 TiH_2 粉研究 [J]. 轻金属, 2010 (11): 49~51.

[100] 黄光明, 雷霆, 方树铭, 等. 氢化脱氢制备钛粉的研究进展 [J]. 钛工业进展, 2010, 27 (6): 6~9.

[101] 张家敏，易健宏，雷霆，等．TiH$_2$ 粉末制备钛合金的烧结脱氢规律及工艺［J］．科技导报，2012，30（1）：65～68．

[102] 尚青亮，刘捷，方树铭，等．金属钛粉的制备工艺［J］．材料导报，2013，27（S1）：97～100．

[103] 尚青亮，刘捷，张玮，等．氢化钛粉烧结 Ti-6Al-4V 性能研究［J］．云南冶金，2015，44（1）：57～59．

[104] 刘捷，尚青亮，张炜，等．氢化钛粉制备钛及钛合金材料研究进展［J］．材料导报，2013，27（13）：99～102．

[105] 张炜，尚青亮，刘捷，等．浅析造孔剂含量控制对生物多孔钛材的影响［J］．云南冶金，2016，45（2）：109～113．